KB206281

순식간에 계산해요!

Magic Mathieu compte en moins de deux!
Written by Dominique et pascalyves Souder and illustrated by Robin

Copyright ⓒ Editions Belin, 2010
Korean translation copyright ⓒ 2012, giant Publishing co.,
This Korean edition is published by arrangement with Editions Belin
through Bookmaru Korea Literary Agency
All rights reserve.

이 책의 한국어판 저작권은 북마루코리아를 통한 Editions Belin와의 독점계약으로
도서출판 거인이 소유합니다. 신저작권법에 의하여 한국 내에서 보호를 받는 저작물이므로
무단 전재와 복제를 금합니다.

1판 1쇄 인쇄 2012월 3월 10일
1판 1쇄 발행 2012년 3월 15일

지은이 도미니크 수데 & 파스칼리브 수데
그린이 Ⓡobin
옮긴이 최정수

펴낸곳 도서출판 거인
발행인 박형준
편집 이소담
디자인 함정인 · 이재윤
마케팅 이희경 · 김경진 · 서하나
등록번호 제10-2363호
주소 서울시 마포구 공덕동 456번지 르네상스타워 1111호
전화 02-715-6857, 6859 | 02-715-6858(팩스)

ISBN 978-89-6379-069-5   63410
값은 표지에 있습니다.

순식간에 계산해요!

도미니크 수데 & 파스칼리브 수데 지음 | ⓡobin 그림 | 최정수 옮김

거인

"진정한 즐거움과 열광, 인간의 능력을 뛰어넘는 느낌, 이것들은 드높은 탁월함을 가늠하는 시금석이며, 시(詩)뿐 아니라 수학에도 존재한다."

— 버트런드 러셀

나는 가족 안에서 내 자리를 찾지 못하는 소년이었어요.

형과 누나는 나름대로 잘 지냈고, 나에게는 별로 관심이 없었죠. 형과 누나의 관심을 끌려면, 가장 어린 나의 입장을 이해시키려면 어떻게 해야 했을까요?

옆에 잘 있어 주지 않는 아빠의 관심을 끌려면, 아빠가 무엇을 기대하고 무엇에 기뻐하는지 알려면 어떻게 해야 했을까요?

어린 나로서는 이런 질문들의 답을 얻는 것이 그리 쉽지 않았지요.

오히려 수학 문제의 답을 얻기가 훨씬 더 쉬웠어요!

바로 이것이 내가 선택한 해결책이었어요. 덕분에 내가 가진 능력을 확인하고, 나에 대한 좋은 이미지를 가질 수 있었지요. 수학의 세계는 안전하고, 사람의 기분처럼 시시때때로 바뀌지 않고, 모두들 그 규칙들을 존중하니까요.

나 매튜는 열두 살이랍니다. 내가 어떻게 해서 '매직 매튜', '순식간에 계

4

산하는 매튜', '계산의 천재'라는 별명을 얻게 되었는지 여러분에게 이야기하고 싶어요.

나는 뭔가를 깊이 생각하고 체계화하는 것을 참 좋아해요. 나는 영리한 편이지만 가끔 속임수를 쓸 때도 있지요. 너무 기발해서 사람들이 믿지 않을 정도까지는 아니고요. 나는 이 책에 소개하는 마술들 덕분에 계산을 빨리할 수 있었고, 이 마술들을 하는 방법을 여러분과 함께 나누고 싶어요. 왕따를 당해 외로운 친구들에게 내가 찾아낸 재미있는 놀이들을 알려주고, 힘을 북돋아 주고, 나도 할 수 있다는 용기를 불어넣어 주고 싶어요.

이 책에 나오는 계산법은 아주 쉬우니까, 여러분이 계산을 잘할 줄 몰라도 상관없어요. 나도 아홉 살인가 열 살 때 이것들을 할 수 있게 되었으니 여러분도 못 할 이유가 없지요!

매직 매튜

차례

어른들은 항상 자기들끼리만 이야기하죠. 내가 어른들에게 뭔가 이야기하려고 해도 어른들은 나에게 별로 관심을 기울이지 않아요. 그렇다고 어른들이 나에게 관심을 기울이게 하려고 소리를 지르거나 물건을 깨뜨릴 수도 없어요. 나는 어른들이 조금 무서워요. 내 가족이라 해도요!

그래서 나는 썩 괜찮은 방법 하나를 찾아냈어요. 어른들에게 깜짝 놀랄 만한 수학 마술을 보여주는 거예요.

가끔 어른들의 놀란 표정을 보면 '내가 이 세상에 살아 숨 쉬고 있구나.' 하는 느낌이 들어요. 그 어른들에는 불행하게도 아빠, 엄마, 형과 누나는 포함되지 않아요. 아빠, 엄마, 형과 누나는 내 '마술'에 아무런 관심이 없거든요.

내 가족들이 나를 자랑스러워한다면 나는 무척 기분 좋을 거예요!

1장 첫 수학 놀이

아브라카다브라!

① 종이 3장으로 숫자 알아맞히기

이것은 내가 처음으로 한 수학 놀이예요.
덕분에 나는 8살이 되기 전에 어린 마술사라는 별명을 얻었어요!

준비물 ···▸

• 숫자들이 적힌 종이 3장.

• 종이에 번호를 매겨둘 것

(종이들을 순서에 맞게 사용해야 하거든요.)

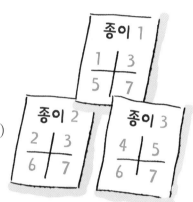

방법 ···▸

• 친구에게 1에서 7 사이의 숫자 중 좋아하는 숫자를 하나 고르게 해요.

• 그 숫자를 쉽게 알아맞힐 수 있다고 큰소리를 쳐요.

• 친구에게 종이 1을 보여 주고 이렇게 물어요.

　"이 종이에 적힌 숫자 중에 네가 고른 숫자가 있어, 없어?"

• 종이 2와 종이 3을 보여 주면서 "이 종이에 적힌 숫자 중에 네가 고른
　숫자가 있어, 없어?"라는 질문을 되풀이해요.

• 친구가 고른 숫자를 알아맞혀요.

- 만일 종이 1에서 친구가 '있어'라고 대답하면 숫자 1을 골라 놓고, '없어'라고 대답하면 0을 골라 놓아요.

- 종이 2에서 친구가 '있어'라고 대답하면 숫자 2를 골라 놓고, '없어'라고 대답하면 0을 골라 놓아요.

- 종이 3에서 친구가 '있어'라고 대답하면 숫자 4를 골라 놓고, '없어'라고 대답하면 0을 골라 놓아요.

- 골라 놓은 숫자 셋을 모두 더해요. 그것이 바로 친구가 고른 숫자예요.

예제

만약 친구가 '있어, 있어, 없어'라고 대답하면, 1+2+0=3이고,
친구가 '없어, 있어, 있어'라고 대답하면, 0+2+4=6이 돼요.

요령 ····▶

1에서 7까지의 모든 수를 7=1+2+4의 조합처럼 숫자 3개를 더한 조합으로 만들 수 있어요. 다음 장에서 볼 수 있듯이, 1에서 7까지의 숫자들을 숫자 3개를 더한 조합으로 만드는 방법은 각각 하나씩이에요.

39

1=1+0+0	있어 없어 없어	2=0+2+0	없어 있어 없어
3=1+2+0	있어 있어 없어	4=0+0+4	없어 없어 있어
5=1+0+4	있어 없어 있어	6=0+2+4	없어 있어 있어
7=1+2+4	있어 있어 있어		

여러분도 함께 해 봐요!

- 친구가 '있어, 없어, 있어'라고 대답한다면 그 친구가 고른 숫자는 무 엇일까요?

- 나는 종이 4장으로 더 큰 숫자들을 똑같은 방법으로 적용해 보았어요. 나처럼 종이 4장을 가지고 똑같은 방법을 적용해 1에서 15까지의 숫자 중 하나를 알아맞혀 봐요. 각각 4장엔 어떤 숫자들을 적어야 할까요?

  힌트 종이 4에서 '있어'라고 대답하면 숫자 8을 골라나야 해요.

12

② 주사위 4개를 던졌을 때 나오는 숫자들의 총합

다음으로 나는 아래와 같은 주사위 4개를 이용해 봤어요. 여러분도 쉽게 따라 만들 수 있는 '마술' 주사위예요.

준비물 ···▶

• 두꺼운 종이에 아래와 같이 주사위 모양을
  그리고 숫자도 적어 넣어요.
• 선을 따라 가위로 자른 뒤, 안으로
  접어 넣을 부분을 풀로 붙여
  주사위를 만들어요.

방법 ···▶

• 친구에게 주사위 4개를 던지게 해요.
• 친구에게 계산기를 주고 주사위 4개를 던져서 나온 4개의 숫자를 더
  하게 해요.
친구가 계산기로 답을 내기 전에 여러분이 먼저 답을 알아맞혀 보세요.
친구가 다시 주사위를 던져 다른 숫자들이 나와도 여러분이 먼저 답을
알 수 있어요.

- 각각의 주사위들은 여섯 면에 적힌 숫자들의 십의 자릿수가 같아요.

- 주사위 4개를 던져서 어떤 숫자들이 나오든, 십의 자릿수 4개의 총합은 20이 돼요. 3+4+6+7=20이니까요.

- 다시 말해, 4개의 주사위를 던져서 어떤 숫자들이 나오든, 숫자 4개를 모두 더한 수의 백의 자릿수는 언제나 2가 된다는 말이에요.

- 백의 자리를 제외한 나머지 숫자는 일의 자릿수 4개의 총합과 같아요.

- 요약: 주사위를 던져서 나온 일의 자릿수 4개를 모두 더해요. 그 숫자를 적어요. 그런 다음 그 숫자의 왼쪽에 백의 자릿수 2를 적어요.

 예제

주사위 4개에서 각각 31, 45, 64, 77이 나왔어요.

일의 자릿수를 모두 더해요. 1+5+4+7=17. 17의 왼쪽에 백의 자릿수 2를 적어요. 그러면 정답은 217이 되지요.

여러분도 함께 해 봐요!

주사위를 던져서 38, 47, 62, 76이 나왔어요. 이 숫자들의 총합은 얼마일까요?

아직도 계산 못 했어?

③ 가로·세로가 10칸씩인 숫자판

숫자판을 어른들에게 보여 줬어요. 그랬더니 어른들은 나를 계산의 천재로 여겼지요. 나는 신기하게 쳐다보는 사람들에게 이 숫자판을 선물로 주었어요.

180	183	185	187	189	191	193	195	197	199
183	186	188	190	192	194	196	198	200	202
186	189	191	193	195	197	199	201	203	205
188	191	193	195	197	199	201	203	205	207
190	193	195	197	199	201	203	205	207	209
192	195	197	199	201	203	205	207	209	211
194	197	199	201	203	205	207	209	211	213
196	199	201	203	205	207	209	211	213	215
198	201	203	205	207	209	211	213	215	217
200	203	205	207	209	211	213	215	217	219

준비물 ···▶

• 가로·세로가 각각 10칸씩인 숫자판을 그리고, 빈칸에 왼쪽과 같이 숫자들을 적어 넣어요.

• 말을 10개 준비해요.

- 아래의 3가지 규칙을 지켜 말 10개를 숫자판 위에 놓아요.
- 같은 가로줄에는 말 1개만 놓여야 한다.
- 같은 세로줄에도 말 1개만 놓여야 한다.
- 두 개의 대각선에도 말 1개씩만 놓여야 한다.

방법 ⋯▶

- 친구가 말 10개를 다 놓으면 그 자리에 적힌 숫자 10개를 모두 더하라고 해요.
- 친구가 계산하는 동안, 나는 그 숫자들의 총합을 알고 있다고 말해요. 그리고 그 수를 종이에 써요.
- 계산기로 쉽게 계산해요(어른들에게도요).
- 말이 놓인 곳의 숫자 10개의 총합은 언제나 2006이에요!

• 말 10개의 총합을 2006이 아닌 다른 수가 나오는 숫자판으로도 만들 수 있어요. 이 마술 숫자판이 어떻게 만들어졌는지 알아낸 뒤, 아주 조금만 바꾸면 되지요.

• 이 마술의 숫자판을 어떻게 만드는지 알아내려고 '문제 풀이'를 너무 빨리 찾지는 말아요!

내 첫 수학 놀이에는 준비물이 필요했고 계산도 해야 했어요. 아무튼 사람들은 내가 숫자를 좋아하고 수학을 잘한다고 칭찬해 주었지요. 칭찬을 듣고 보니 암산을 더 잘하고 신기한 것들을 좀 더 찾아내야 한다는 생각이 들었어요. 사람들에게 칭찬을 들으니 기분이 좋아진 게 동기부여가 된 거죠. 특히, 숫자를 더욱 좋아하게 되었어요.

나는 도서관에서 책을 찾아 읽다가 계산기의 놀라운 원리들을 알게 됐어요. 그 원리들을 이용해 쉽고 재미있는 수학 놀이를 할 수 있었죠.

시간이 좀 지난 뒤, 나는 사람들 앞에서 그 수학 놀이를 보여 주었어요.

그러니 계산기를 가지고 다니면 수학 놀이에 여러모로 도움이 돼요.

여러분도 여러분이 암산한 것을 친구가 확인하도록 계산기를 빌려줘 봐요. 그러면 수학 놀이를 하는 게 더 쉬워져요. 너무 게으른 사람들은 여러분이 말한 답을 확인해 보지도 않고 "네 말이 맞겠지, 뭐."라고 말할지도 모르지만요!

아, 참! 내가 전문 마술사라고 말한 적은 없어요. 나는 '계산의 천재'라고 불리는 게 더 좋아요!

내가 수학 놀이를 보여 주면 어른들은 평소와 달리 눈을 휘둥그레 뜨고는 나더러 '계산의 천재'라고 부르면서 엄청 신기해하죠. 내가 그 계산들을 얼마나 쉽게 해내는지 그 어른들이 알면 어떤 표정을 지을까요?

2장 숫자 가지고 뻐기기!

12345679
×9=……．

누워서 떡 먹기지!

④ 좋아하는 숫자 이야기

다음에 소개하는 마술은 나를 '계산의 천재'로 만든 첫 마술 중 하나예요. 여러분도 곧 알게 되겠지만, 요령이 아주 간단해요.

8을 제외하는 마술

준비물 ···▶

종이와 연필 그리고 계산기를 준비하세요.

방법 ···▶

- 친구에게 "너는 어떤지 모르지만 나는 숫자를 아주 좋아해. 8만 빼고."라고 말한 다음, 친구 앞에 놓인 종이에 12345679라고 써요.
- "내가 8을 싫어해서 8은 제외하고 적은 거야."라고 말해요.
- 친구에게 "너는 1에서 9까지의 숫자 중에서 특별히 좋아하는 숫자 있니?"라고 물어요.
- 친구가 6이라고 대답했다고 가정해요.
- 친구에게 "좋아, 그러면 아까 내가 종이에 적은 숫자에 54를 곱해 봐. 답이 뭔지 알면 깜짝 놀랄걸?"이라고 말해요.
- 친구는 손이나 계산기로 계산하겠죠. 그리고 그 답이 자기가 좋아한다

고 말했던 숫자가 아홉 번 반복되는 숫자인 666 666 666이라는 것을 알고 깜짝 놀랄 거예요.

8은 싫어!

요령 ┈▶

우선 12345679×9=111 111 111이라는 것을 알아 둬요.

• 만약 친구가 좋아하는 숫자가 2라면, 여러분이 제시한 숫자 12345679에 18을 곱하면 돼요(9×2=18).

그러면 111 111 111×2=222 222 222가 나오지요.

• 3만 아홉 번 이어지는 숫자를 만들고 싶으면, 9×3=27이니까 여러분이 제시한 숫자에 27을 곱하면 돼요.

111 111 111×3=333 333 333.

• 어떤 숫자이든 아홉 번 연속 이어지는 숫자를 만들고 싶으면 그 숫자에 9를 곱한 수를 12345679에 곱해 주면 되는 거예요. 예를 들어, 888 888 888을 만들고 싶으면 72(9×8=72)를 12345679에 곱하면 돼요. 12345679×72=888 888 888이 돼요.

어떤 친구들은 나에게 왜 하필 8을 싫어하느냐고 물었어요. 하지만 나는 사실은 거짓말이라고, 그냥 속임수일 뿐이라고 대답하기는 싫었어요. 그래서 다음과 같은 이야기를 꾸며냈지요.

- 나는 계산기를 들고 제대로 작동하는지 확인해 보겠다며 친구가 보지 못하는 사이에 68888889라고 두드렸어요. 그리고 +0을 눌러 계산기 액정에 0이 보이게 했지요(아직 =은 누르지 않음).

- 그 계산기를 친구에게 건네주고 바로 12345678을 두드려 보라고 했어요.

- 그런 다음, 계산기를 건네받았어요. 나는 친구의 관심을 딴 데로 돌리려고 8의 특성에 대해 그럴듯하게 이야기했어요. 8은 이상한 수라서 때때로 계산기를 맞이 가게 만든다고, 그래서 내가 8을 싫어한다고 말이에요. 그런 다음 "자, 이제 8이 네가 두드린 대로 액정 맨 오른쪽이 아니라 맨 왼쪽에 나타날 거야."라고 말한 뒤, 친구가 눈치채지 못하는 사이에 =를 눌렀지요. 그러자 계산기 액정에 81234567이 나타났어요. 68888889+12345678=81234567이니까요.

- 나는 계산기 액정을 친구에게 보여 주었어요. 친구는 깜짝 놀랐어요. 나는 친구에게 말했지요. "그러니까 8을 조심해야 해. 8은 믿을 수 없는 숫자라서 제멋대로 움직이거든. 아까 네가 두드린 자리가 아니라 이렇게 정반대의 자리로 옮겨갔잖아! 이걸 봐. 아까는 분명히 맨 오른쪽에 있었는데 지금은 맨 왼쪽에 가 있잖아!"

⑤ 신기한 계산기

계산기에 대해 좀 더 연구해 보도록 해요.

준비물 ⋯▶

종이, 연필, 계산기(꼭 필요함).

방법 ⋯▶

- 여러분은 1에서 9 사이의 숫자들 중 특별히 좋아하는 숫자가 있나요?

  잠깐! 그 숫자를 나에게 말하지 말고 마음속으로 생각만 해요.

  이제 3에서 22 사이의 숫자 중 아무거나 하나를 골라 봐요.

  그 숫자를 나에게 말해요.

- 12요.

- 이제 계산기를 이용해 내가 말하는 수들을 연이어 곱해요.

  여러분이 좋아하는 숫자에 21을 곱해요. 거기에 다시 143을 곱해요.

  다시 37을 곱해요. 다시 101을 곱해요.

  마지막으로 거기에 9 901을 곱해요.

  똑같은 숫자 12개가 연이어 나오지요?

  참 신기하지 않아요?

좋아하는 숫자와 3에서 22 사이의 숫자를 다른 것으로 바꿔서 다시

해볼 수도 있어요.

 예제

만약 좋아하는 숫자가 7이라면, 계산은 이렇게 될 거예요.

7 × 21 = 147

147 × 143 = 21 021

21021 × 37 = 777 777

777777 × 101 = 78 555 477

78555477 × 9901 = 777 777 777 777

• 11처럼 똑같은 수만 되풀이되는 숫자를 '되풀이수'라고 불러요. 11은 1의 **2**되풀이수지요(1이 **2**번). 111은 1의 **3**되풀이수지요(1이 **3**번). 1 111은 1의 **4**되풀이수고요. 그렇다면 1 111 111 111 111 111 111 111은 1의 **22**되풀이수예요.

• 여러분이 이 마술을 잘하려면 답이 되풀이수로 딱 떨어지는 곱셈들을 알아야 해요. 그런 곱셈들을 외워 두는 것은 문제도 아니지요(여러분 이 이 마술을 자주해 보면 노력하지 않아도 그 곱셈들이 저절로 외워 질 거예요).

계산했을 때 되풀이수가 나오는 기본 곱셈들은 뒤에 표와 같아요.

되풀이 횟수	곱하는 숫자들
2	11
3	3×37
4	11×101
5	41×271
6	$3 \times 7 \times 11 \times 13 \times 37$
7	$239 \times 4\ 649$
8	$11 \times 73 \times 101 \times 137$
9	$3 \times 3 \times 37 \times 333\ 667$
10	$11 \times 41 \times 271 \times 9\ 091$
11	$21\ 649 \times 513\ 239$
12	$3 \times 7 \times 11 \times 13 \times 37 \times 101 \times 9\ 901$
13	$53 \times 79\ 265\ 371\ 653$
14	$11 \times 239 \times 4\ 649 \times 909\ 091$
15	$3 \times 31 \times 37 \times 41 \times 271 \times 2\ 906\ 161$
16	$11 \times 17 \times 73 \times 101 \times 137 \times 5\ 882\ 353$
17	$2\ 071\ 723 \times 5\ 363\ 222\ 357$
18	$3 \times 3 \times 7 \times 11 \times 13 \times 19 \times 37 \times 52\ 579 \times 333\ 667$
19	$1\ 111\ 111\ 111\ 111\ 111\ 111\ 111$
20	$11 \times 41 \times 101 \times 271 \times 3\ 541 \times 9\ 091 \times 27\ 961$
21	$3 \times 37 \times 43 \times 239 \times 1\ 933 \times 4649 \times 10\ 838\ 689$
22	$11^2 \times 23 \times 4\ 093 \times 8\ 779 \times 21\ 649 \times 513\ 239$
23	$11\ 111\ 111\ 111\ 111\ 111\ 111\ 111\ 111$

- 되풀이 횟수 **14**를 보면 **11**에 **239**를 곱하고, 거기에 다시 **4 649**를 곱하고, 마지막으로 거기에 **909 091**를 곱해요. 이 곱셈의 답은 **11 111 111 111 111**이에요. 다시 말해, **1**의 **14** 되풀이수지요.
- 앞에서 말했던 **12**의 경우는 쓸모 있는 요소들이 많이 담겨 있어요. **3×7=21**과 **11×13=143**으로 다시 분류될 수 있지요.
- 앞의 표에 나온 곱셈들에 만족하지 마세요(그러면 답에 숫자 **1**만 나와요). 여기에 다시 여러분이 좋아하는 숫자를 곱해 봐요. 그러면 답에 여러분이 좋아하는 숫자가 되풀이될 거예요.

여러분도 함께 해 봐요!

- 친구가 **8**을 좋아하고, **3**에서 **22** 사이의 숫자 중 **15**를 골랐다고 해요. 여러분은 어떻게 계산할 건가요? 그리고 계산기에는 얼마가 나올까요?
- 답은 부록인 '문제 풀이'에 나와 있어요. 기억해야 할 주의 사항도 몇 가지 적혀 있어요.

재능을 펼쳐 자신이 얼마나 능력 있는지 보여 주는 것은 끝내주게 멋진 일이에요!

나는 어른들이 주사위 놀이를 하다가 잠시 쉬는 틈을 이용해 주사위 마술을 보여 주었어요. 하지만 더 멀리 내다봐야 해요. 마술 하나에 만족하지 말고 새로운 마술을 자꾸 만들어 내야 해요. 요령을 알아차린 심술궂은 사람들이 비웃을 수도 있으니까요. 나는 그런 심술궂은 사람들을 입 다물게 하려고 이미 알고 있던 마술을 바탕으로 새로운 마술들을 만들어 냈어요.

나는 새로운 도구들을 이용해 그 마술들을 성공적으로 해냈어요. 예를 들면 가게에서 파는 보통 주사위들과는 다른, 내가 고안한 주사위 2개로요! 이런 발명들이 너무 재미있어 발명에 필요한 아이디어를 찾는 동안에는 시간이 어떻게 지나가는지도 몰랐다니까요!

이런 발명에 재미를 붙이자 심심하지도 않고, "뭘 하면서 시간을 보내야 할지 모르겠어!"라는 말을 중얼거리지도 않게 되었어요. 구석에 웅크리고 앉아 사람들이 놀아 주기를 기다리며 엄지손가락을 빨 필요도 없었어요. 내 앞니들을 위해서는 아주 잘 된 일이었죠! 친구들의 다정한 말, 깜찍한 마술 쇼, 이것들은 여러분이 부쩍 자라나는 데 필요한 우유나 등푸른 생선보다 훨씬 더 도움이 되지요!

마술을 감상할 준비가 되었나요?

3장

주사위로 하는 숫자 마술

6 상점에서 파는 주사위

여러분의 집에 주사위가 한두 개씩은 있을 거예요. 보통 그 주사위를 가지고
게임을 많이 하지요. 여러분은 주사위를 가까이서 들여다본 적 있나요?

준비물 ⋯▶

일반 주사위 **3**개.

• 상점에서 파는 주사위들은 각각의 면에 **1**에서 **6**까지의 숫자가 적혀
있고, 마주 보는 2개의 면에 적힌 숫자의 합이 항상 **7**이에요.

• 탁자 위에 주사위 하나를 던진 뒤 살펴봐요. 앞면에 나온 숫자와 뒷면
에 나온 숫자의 합이 **7**이지요. 왼쪽 면에 있는 숫자와 오른쪽 면에 있
는 숫자의 합 그리고 윗면에 나온 숫자와 아랫면에 나온 숫자의 합도
마찬가지로 **7**이에요. 여러분 집에 있는 주사위로 확인해 봐요. 결과는
다음과 같을 거예요.

$6+1=7, 5+2=7, 4+3=7.$

- 여러분은 이 특성을 이용해 다음과 같은 마술을 할 수 있어요. 내 친구들은 이 마술을 알곤 기절초풍했지요!

방법 ⋯▸

- 친구에게 주사위 3개를 수직으로 쌓은 뒤 종이로 된 원통모양 덮개(두루마리 휴지 가운데에 있는 종이심을 이용하면 편리해요.)로 감싸서 감추라고 해요. 친구가 그렇게 하는 동안 여러분은 고개를 돌리고 있어요. 이제 차곡차곡 쌓인 주사위 맨 윗면에 적힌 숫자만 보이겠지요.
- 친구에게 원통 모양 덮개를 치운 뒤, 눈에 보이는 가장 윗면에 적힌 숫자는 빼고 주사위 3개의 윗면과 아랫면에 적힌 숫자들을 모두 더하게 해요.
- 더해야 할 숫자는 모두 5개겠지요.
- 그런 다음 친구를 다시 보고, 종이에 여러분의 예상 숫자를 적어요.
- 친구가 총합을 계산하면 아까 여러분의 예상 숫자를 적은 종이를 친구에게 건네줘요. 친구가 계산한 총합은 그 종이에 적힌 숫자와 같을 거예요.

요령 ⋯▸

앞에서도 말했듯이 주사위의 마주 보는 2개 면의 합은 항상 7이에요.

31

• 쌓아 놓은 주사위 3개의 윗면과 아랫면에 있는 숫자 6개를 더하면 $7 \times 3 = 21$

• 21에서 쌓아 놓은 주사위 맨 윗면에 보이는 숫자를 빼면 **5**개 숫자의 총합을 얻을 수 있어요. 예를 들어 맨 윗면에 **4**가 적혀 있었다면, $21 - 4 = 17$이니 여러분은 종이에 **17**이라고 적으면 되는 거지요.

여러분도 함께 해 봐요!

• 만약 쌓아 놓은 주사위 맨 윗면에 보이는 숫자가 **6**이라면 윗면과 아랫면에 적힌 숫자들의 총합은 몇일까요?

이제 주사위 **4**개로 똑같은 마술을 하려면 어떻게 하면 될지 생각해 봐요. 주사위가 **4**개일 때 윗면과 아랫면에 적힌 숫자들의 총합을 어떻게 구하면 될까요?

• 주사위 **3**개로 이 마술을 하려면 조금 속임수를 써서 친구를 놀라게 만들어야 해요. 예를 들어 친구가 자기도 이 마술을 하고 싶다고 하면, 친구에게 조금 미안하긴 하지만 여러분이 사용한 평범한 주사위 중 **2**개를 마주 보는 면에 적힌 숫자의 합이 **7**이 아닌 다른 주사위로 바꾸는 거예요! 친구를 속이면 못쓴다고요? 아니에요. 나는 친구를 속이라고 말하는 게 아니라, 다른 신기한 마술을 만들어내기 위해 그런 주사위들을 이용하라고 말하는 거예요.

⑦ 이상한 정육면체

이제 다음과 같은 새로운 주사위들을 이용해 색다르고 독창적인 마술을 해 볼 거예요.

준비물 ···▶

숫자들이 적힌 정육면체 2개.

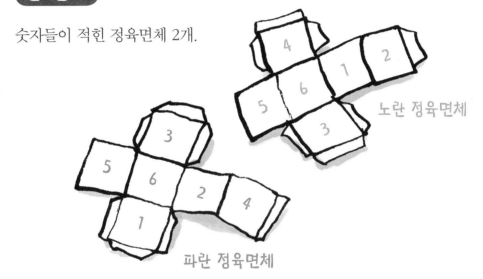

노란 정육면체

파란 정육면체

방법 ···▶

• 친구에게 여러분이 보지 못하도록 이 정육면체 2개를 위아래로 쌓으라고 해요. 그런 다음, 각 주사위의 윗면에 적힌 숫자들과 아랫면에 적힌 숫자들을 모두 더하게 해요.

- 여러분이 보지 못하게 정육면체 2개를 불투명한 그릇으로 덮어 감추라고 해요.

- 친구에게 그 숫자 4개의 총합이 몇이냐고 물어봐요. 이제 친구가 더한 숫자 4개가 무엇인지 여러분이 알아맞힐 수 있다고 큰소리쳐요. 마치 불투명한 그릇을 투시할 수 있는 것처럼, 정육면체들을 들어 올려 윗면과 아랫면의 숫자들을 볼 수 있는 것처럼 말이에요!

요령 ⋯▶

노란 정육면체의 경우

- 마주 보는 면들에 적힌 숫자들의 합은 다음과 같아요.

  5+1=6, 4+3=7, 6+2=8.

- 마주 보는 면들에 적힌 숫자의 합은 6에서 8까지예요. 주사위의 마주 보는 면들에 적힌 숫자의 합이 7이라는 사실을 기억하고 있다면, 4+3=7만 그것에 해당하는 셈이지요.

- 합 6은 5+1로만 얻어질 수 있어요(3+3이나 4+2는 불가능해요. 4와 3이 서로 마주 보는 숫자이고 합해서 7이 나오니까요).

- 합 8은 6+2로만 얻어질 수 있어요(위와 똑같은 이유로 3+5나 4+4는 불가능해요).

파란 정육면체의 경우

• 마주 보는 면들에 적힌 숫자들의 합은 다음과 같아요.

3+1=4, 5+2=7, 6+4=10.

• 마주 보는 면들에 적힌 숫자의 합은 4, 7, 그리고 10이에요.

• 합 10은 6+4로만 얻어질 수 있어요(5+5는 불가능하니까요).

• 합 4는 3+1로만 얻어질 수 있어요(2+2는 불가능하니까요).

• 합 7은 5+2로 얻어져요.

다음 장 도표는 이 정육면체 2개를 위아래로 쌓아 놓고 윗면과 아랫면 4개의 숫자를 더했을 때 나오는 답들이에요.

• 노란 가로줄과 파란 세로줄에 적힌 숫자들을 각각 대응시켜 더해 보세요. 10에서 18까지의 9개의 답이 나올 거예요.

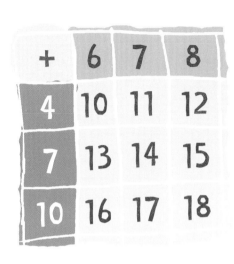

- 10에서 12까지의 숫자는 파란 정육면체에 적힌 숫자들의 합이 4일 때 나오고, 13에서 15까지의 숫자는 파란 정육면체에 적힌 숫자들의 합이 7일 때 나오며, 16에서 18까지의 숫자는 파란 정육면체에 적힌 숫자들의 합이 10일 때 나와요.
- 노란 정육면체에 적힌 숫자들의 합은 뺄셈을 통해 얻을 수 있어요. 이 사실을 알면 각각의 정육면체의 윗면과 아랫면에 적힌 숫자들을 모두 알아낼 수 있지요.

 예제

만약 숫자 4개의 합이 16이라면

- 16은 16에서 18 사이에 해당하므로, 파란 정육면체의 숫자 2개를 더한 값이 10이라는 뜻이에요. 다시 말해, 파란 정육면체의 윗면과 아랫

면에 적힌 숫자가 6과 4라는 이야기지요.

• 그리고 노란 정육면체의 숫자 2개를 더한 값은 16 − 10 = 6이에요. 6은 5 + 1에서 나오므로 노란 정육면체의 윗면과 아랫면에 적힌 숫자는 5 와 1이 되지요. 다시 말해 4개의 숫자는 파란 정육면체에서는 6과 4, 노란 정육면체에서는 5와 1이에요.

여러분도 함께 해 봐요!

숫자 4개의 합이 13이라면, 이 계산에 사용된 숫자 4개는 무엇일까요?

숫자들을 기억해 두면 언제든지 쓸모가 있어요. 숫자를 활용하면 사람들은 감탄하고 여러분을 족집게 점쟁이로 여길 거예요. 어떤 사람들은 '넌 그런 능력이 있으면서 왜 로또 복권을 사지 않아?'라고 물을지도 몰라요. 사람들은 로또가 일종의 통계라는 것을 잘 모르니까요! 아무튼 관찰만 잘하면 때때로 사실들을 예측할 수가 있어요.

나는 다섯 살 되던 해 여름에 올레롱으로 휴가를 갔어요. 자선 장터 매대 위에 토끼 한 마리가 있었고, 그 주변에는 번호가 매겨진 칸들이 둥그렇게 놓여 있었죠. 토끼는 그 칸들 중 하나에 들어 있는 먹이를 조금씩 갉아먹었고요. 나는 사람들이 게임 하는 것을 한동안 관찰했고, 토끼가 2번 칸, 3번 칸, 5번 칸의 순서로 먹이를 먹는다는 것을 알아차렸어요. 나는 토끼가 다음에 먹을 칸을 골랐고, 내 예측이 적중해서 그 토끼를 얻었죠! 아빠는 토끼를 기차에 태워 집으로 가져가는 것을 탐탁지 않아 했지만요!

아빠는 여간해선 나를 칭찬하거나 축하해 주지 않아요. 그래서 좀 짜증이 나요.

미리 궁리하고 계산하기

⑧ 겉보기보다 훨씬 쉬운 덧셈들

큰 숫자 중에는 보기보다 더하기가 쉬운 수들이 있어요. 큰 숫자로 덧셈을 빠르게 하면 별로 애쓰지 않고도 암산의 달인으로 인정받을 수 있지요.

들어가기 전에 ⋯▶

- 어떤 수에 힘들이지 않고 99를 더하려면 어떻게 하면 될까요?

  100을 더한 뒤 1을 빼면 돼요. 99는 100-1이니까요. 예를 들어 68+99를 하려면 68+100=168, 그리고 다시 168-1=167이 되는 거예요.

  먼저 1을 빼고 그다음에 100을 더해도 돼요. 68-1=67, 그리고 67+100=167, 이렇게요.

- 어떤 수에 힘들이지 않고 999를 더하려면 어떻게 하면 될까요?

  1 000을 더한 뒤 1을 빼면 돼요. 999는 1 000-1이니까요.

  1을 뺀 뒤에 1 000을 더해도 되고요.

  예를 들어 86+999를 하려면 86-1=85,

  그리고 다시 85+1 000=1 085

• 어떤 수에 1 999를 쉽게 더하려면 어떻게 할까요?

 2 000을 더한 뒤 1을 빼면 되지요.

• 어떤 수에 1 998을 쉽게 더하려면 어떻게 할까요?

 2 000을 더한 뒤 2를 빼면 되지요. 1 998=2 000-2이니까요.

• 어떤 수에 2 999를 쉽게 더하려면 어떻게 할까요?

 3 000을 더한 뒤 1을 빼면 되지요. 2 999=3 000-1이니까요.

• 어떤 수에 2 997을 쉽게 더하려면 어떻게 할까요?

 3 000을 더한 뒤 3을 빼면 되지요. 2 997=3 000-3이니까요.

• 어떤 수에 29 997을 쉽게 더하려면 어떻게 할까요?

 30 000을 더한 뒤 3을 빼면 되지요. 29 997=30 000-3이니까요.

번갈아 가며 적힌 숫자들의 총합

방법 ⋯▶

• 친구에게 다섯 자릿수 일곱 개를 더하는 셈의 답을 알아맞히겠다고 말해요. 그런 다음 친구가 보지 못하도록 종이에 여섯 자릿수 하나를 쓰세요.

예를 들어

312 355라고 써요.

• 다른 종이에 다섯 자릿수 중 첫째 것을 써요.

예를 들어

12 358이라고 써요.

• 친구에게 여러분이 쓴 숫자 밑에 둘째 다섯 자릿수를 쓰라고 해요.
• 그 밑에 여러분이 셋째 다섯 자릿수를 써요.
• 친구에게 그 밑에 넷째 다섯 자릿 수를 쓰라고 해요.
• 그 밑에 여러분이 다섯째 다섯 자릿수를 써요.
• 친구에게 그 밑에 여섯째 다섯 자릿수를 쓰라고 해요.

- 마지막으로 여러분이 그 밑에 일곱째 다섯 자릿수를 써요.

- 친구에게 일곱 개의 다섯 자릿수를 모두 더하라고 해요.
  (계산기가 있으면 사용하게 해도 좋아요).

- 짜잔! 일곱 개의 수의 총합은 아까 여러분이 다른 종이에 적어 놓은 여섯 자릿수랍니다!

요령 ┄▸

- 친구가 종이에 숫자 하나를 쓸 때마다 여러분은 친구가 쓴 숫자와 각 자릿수별로 더해서 9가 되는 숫자를 쓰면 돼요. 예를 들어 친구가 28 764를 썼다면, 여러분은 71 235를 쓰면 돼요. 2+7=9, 8+1=9, 7+2=9, 6+3=9, 4+5=9이니까요.

- 다시 말해 숫자 2개의 합은 언제나 99 999가 되어야 해요.
  만약 친구가 80 622를 썼다면, 여러분은 19 377을 써야 하지요.
  80 622+19 377=99 999니까요. 친구가 96 412를 썼다면, 여러분은 (0)3 587을 써야 해요. 96 412+3 587=99 999니까요.

- 둘째 수에서 일곱째 수까지 세 쌍의 수를 더하면 3×99 999, 즉 3×(100 000-1) 또는 300 000-3이 돼요. 3을 빼고 300 000을 더하는 방법으로 이 수를 첫째 수에 쉽게 더할 수 있겠지요. 첫째 수의 맨 왼쪽에 3을 쓰고 일의 자릿수에서 3만 빼면 돼요. 아니면 첫째 수인 12 358에서 3을 뺀 12 355의 맨 왼쪽에 3만 덧붙이든가요. 그러면

답은 312 355가 되지요. 여러분이 맨 처음에 종이에 쓴 바로 그 여섯 자릿수예요!

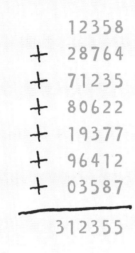

$$
\begin{array}{r}
12358 \\
+\ 28764 \\
+\ 71235 \\
+\ 80622 \\
+\ 19377 \\
+\ 96412 \\
+\ 03587 \\
\hline
312355
\end{array}
$$

이 마술을 할 때 알아둬야 할 점

- 맨 왼쪽의 숫자가 3인 여섯 자릿수 하나를 예측해서 종이에 적어요.
- 여러분이 종이에 적을 첫째 다섯 자릿수를 얻기 위해서는 미리 생각해 둔 여섯 자릿수의 일의 자리에 3을 더하고 맨 왼쪽의 3을 빼면 돼요. 그런 다음 일곱째 수까지 적어 나가면 되지요.

종이에 친구가 보지 못하도록 372 862 라고 써요.

이 마술을 하기 위해 여러분이 적어야 할 첫째 다섯 자릿수는 몇일까요?

교묘한 계산 또 하나!

- 친구에게 맨 왼쪽 숫자가 1 이고 나머지 다섯 개의 숫자에 0이 포함되지 않는 여섯 자릿수 하나를 종이에 적으라고 해요.

- 그런 다음 깊이 생각하지 않는 척하면서 다섯 자릿수 네 개를 연이어 적어요.
- 친구에게 네 개의 수를 모두 더하라고 해요(필요하면 계산기를 써도 돼요).
- 짜잔! 네 개의 수를 더한 값은 친구가 맨 처음 종이에 적은 여섯 자릿수와 같답니다.

요령 ⋯▶

이 마술을 할 때 모두 합해서 111 111이 나오는 늘 똑같은 다섯 자릿수 세 개를 적어야 해요. 마지막 넷째 수는 친구가 처음에 쓴 여섯 자릿수가 무엇이냐에 따라 달라져요.

 예제

- 만약 친구가 쓴 여섯 자릿수가 174 962라면, 여러분이 적어야 할 넷째 수는 174 962에서 111 111을 뺀 수, 즉 63 851이 되어야 해요. 다시 말해 여러분이 적어야 할 넷째 수는 처음에 친구가 쓴 수의 맨 왼쪽에 있는 1을 지워 버린 74 962의 각각의 자릿수들에서 1씩 뺀 숫자들로 이루어져요.

    7-1=6, 4-1=3, 9-1=8, 6-1=5, 2-1=1, 즉 63 851이에요.
- 친구에게 0이 나오지 않는 수를 쓰라고 한 것은 각각의 자리에서 1을

쉽게 빼기 위한 거예요. 만약 처음의 여섯 자릿수에 0이 포함된다면 10-1=9가 되어 그 위의 자릿수에서 1을 뺄 때 한 번 더 생각해야 할 테니까요.

• 모두 합했을 때 111 111이 되는 나머지 수 세 개는 어떻게 선택할까요? 가장 간단한 방법은 여러분이 미리 외워 둔 다섯 자릿수 두 개를 이용하는 거예요. 그런 다음 세 개의 수의 합계가 111 111이 되는 셋째 수를 계산해 내는 거지요.

바로 이 셋째 수가 이 마술을 할 때 여러분이 알아내야 할 유일한 요소예요.

• 예를 들어, 여러분이 1998년 4월 23일에 태어났다면, 첫째 수로 23 498을 골라요. 만약 여러분의 전화번호가 02-463-8548이라면, 오른쪽 숫자 다섯 개를 골라 38 548로 해요. 이 두 개의 수의 합계는 23 498+38 548=62 046이지요.

• 알아내야 할 셋째 수는 111 111-62 046=49 065예요.

• 이 마술을 여러 번 해본 뒤에는 다음과 같이 재치를 부려도 돼요.

합해서 111 111이 되는 수 세 개의 여러 조합을 예측해 봐요.

친구가 쓴 여섯 자릿수의 각각의 자릿수에서 1씩을 뺀 수를 마지막 넷째 자리에 기계적으로 배치하지 말고, 다음 장의 예제처럼 둘째 자리에 배치해 봐요.

174 962라는 똑같은 여섯 자릿수가 주어졌다고 할 때:

$$23498$$
$$+\ \ 63851$$
$$+\ \ 38548$$
$$+\ \ 49065$$
$$\overline{}$$
$$174962$$

나는 신기한
숫자 마술을 하지요.

연속되는 숫자를 더하기

어린 아이들도 쉽게 할 수 있는 아주 쉬운 마술 1을 소개할게요.
'연속되는 숫자 20개'를 더하는 마술이에요.

마술 1

방법 ···▸

- 종이 한 장과 연필 한 자루를 친구에게 내밀어요. 친구에게 연속되는
  정수 20개를 세로로 죽 적으라고 해요(다시 말해 3, 4, 5처럼 1씩 증
  가하는 숫자들이에요).
- 친구에게 다 끝났느냐고, 적은 숫자들이 연속되는 숫자 20개가
  맞느냐고 물어봐요.
- 여러분이 직접 확인해 봐요.
- 그런 다음, 20개의 숫자 맨 밑에 숫자들의 총합을 적어요.

여기에 세 가지 예제가 있어요.

7	11	23
8	12	24
9	13	25
10	14	26
11	15	27
12	16	28
13	17	29
14	18	30
15	19	31
16	20	32
17	21	33
18	22	34
19	23	35
20	24	36
21	25	37
22	26	38
23	27	39
24	28	40
25	29	41
26	30	42
=330	= ?	= ?

요령 ⋯▶

- 세 가지 예제 중 첫째 것을 예로 들어 설명할게요. 이 숫자 20개를 세로 방향이 아니라 2가지 방식의 가로 방향으로 적었다고 상상해 봐요. 첫째 방식은 7에서 26까지 1씩 증가하는 순서로 적는 것이고, 둘째 방식은 26에서 7까지 1씩 감소하는 순서로 적는 거예요.

7+8+9+10+11+12+13+14+15+16+17+18+19+20+21+22+23+24+25+26=여러분이 구할 총합

26+25+24+23+22+21+20+19+18+17+16+15+14+13+12+
11+10+9+8+7=여러분이 구할 총합

위의 수식 두 개에 나오는 숫자들을 모두 더하면 여러분이 구해야 할
값의 2배에 해당하는 숫자를 얻을 수 있지요. 하지만 이 40개의 숫
자들을 둘씩 짝지어 더할 수도 있어요. 7+26, 8+25, 9+24……
24+9, 25+8, 26+7, 이렇게요. 각각의 짝들을 서로 더하면 모두 33
이 돼요. 이런 짝이 모두 20개니까 더하면 33×20이겠지요. 이것은
여러분이 구해야 할 총합의 2배에 해당한답니다.

그러므로 33×10=330이 여러분이 구해야 할 값이지요.

- 결론: 이 마술을 하려면 20개의 숫자 중 맨 처음 숫자와 맨 마지막 숫
  자의 합을 암산으로 구한 뒤 그 값의 오른쪽에 0 하나만 붙이면 돼요.
  7+26=33, 그리고 33의 맨 오른쪽에 0을 붙인 330이 답이 되는 거
  지요.

- 둘째 예제의 경우는 이렇게 되겠지요. 11+30=41, 답은 맨 오른쪽에
  0을 붙인 410이에요.

여러분도 함께 해 봐요!

마지막 셋째 예제에 나온 숫자 20개를 모두 더한 총합을 구해 보세요.

마술 2

(마술 1과 비슷한 유형이지만 마술을 보여 주는 사람의 나이에 따라 달라져요.)

방법 ⋯▸

• 친구에게 종이 한 장과 연필 한 자루를 내밀어요.

• 그 사람에게 나이를 물어봐요.

"13살이야."

"좋아, 그러면 내가 고개를 돌리고 있을 테니까, 연속되는 정수 13개
(친구의 나이와 같은 수)를 세로로 죽 써봐. 어떤 수부터 시작해도 상
관없어. 아무 숫자나 골라서 그 숫자부터 시작하면 돼. 다 됐어?"

• 다시 고개를 돌린 뒤 숫자 13개의 총합을 곧바로 알아맞혀요.

6	9	5	14
7	10	6	15
8	11	7	16
9	12	8	17
10	13	9	18
11	14	10	19
12	15	11	20
13	16	12	21
14	17	13	22
15	18	14	23
16	19	15	24
17	20	16	25
18	21	17	$\underline{\quad}$
	22	18	= ?
=156	23	$\underline{\quad}$	
	$\underline{\quad}$	=161	
	= ?		

- 앞에서 소개한 마술 1처럼 수식을 두 번 가로로 적은 뒤(한 번은 가장 작은 수부터 시작해 1씩 증가하는 방법으로, 또 한 번은 가장 큰 수부터 시작해 1씩 감소하는 방법으로), 두 개의 수식에 적힌 숫자 중 위아래로 대응하는 숫자들을 둘씩 짝지어 더하면 각각 똑같은 값이 나와요.

- 이제 마술 1처럼 맨 처음 숫자와 맨 마지막 숫자를 더해요. 하지만 이번에는 종이에 적힌 숫자들의 개수가 20개가 아니에요. 숫자들의 개수는 친구의 나이에 따라 달라진답니다. 여기서는 13개예요. 따라서 이 마술은 1번 마술처럼 맨 처음 숫자와 맨 마지막 숫자를 더한 값에 0을 붙이는 방법보다는 조금 복잡해요.

  이 마술에서는 가장 작은 숫자와 가장 큰 숫자를 더한 값에 친구의 나이를 곱하고 다시 2로 나눠야 해요. 가장 작은 숫자와 가장 큰 숫자를 더한 값을 2로 나눈 값(전체 숫자들의 평균값)에 친구의 나이(숫자들의 개수)를 곱한다고 생각해도 돼요. 먼저 2로 나눌 것인지 나중에 2로 나눌 것인지는 그때그때 정하면 돼요.

첫째 예제

6+18=24, 24가 짝수니까 먼저 2로 나눠 주는 게 편하겠지요. 24÷2=12. 6에서 18까지의 숫자는 모두 13개예요(잠깐, 18-6=12지만 숫자 전체의 개수는 여기에 1을 더해 줘야 해요. 즉 12+1=13, 13개랍

니다). 정답은 $13 \times 12 = 156$.

마지막 곱셈을 암산으로 하려면, $13 = 10 + 3$이니까 10에 12를 곱해서 120, 3에 12를 곱해서 36. $120 + 36 = 156$, 이렇게 암산하면 돼요.

 셋째 예제

- 5에서 18까지는 숫자가 몇 개 있지요? $18 - 5 = 13$, 여기에 1을 더해 $13 + 1 = 14$, 14개 있지요.
- 가장 작은 수인 5와 가장 큰 수인 18을 더하면? 23.
- 가장 작은 수와 가장 큰 수의 합이 홀수지요. 그러면 우선 숫자 전체의 개수인 14를 2로 나눠 주는 게 편하겠네요. $14 \div 2 = 7$.
- 정답은 $23 \times 7 = 161$.

여러분도 함께 해 봐요!

넷째 예제에 적힌 14에서 25까지의 연속된 숫자들의 총합을 구해 봐요.

친구의 나이가 홀수일 때 쓸 수 있는 방법도 있어요!

- 이 경우 전체 숫자 중 한가운데에 있는 숫자가 하나 있지요. 예를 들어 6에서 18까지의 숫자 13개가 적힌 경우, 한가운데에 있는 숫자는 12예요. 12를 가운데 두고 이것보다 작은 수 6개($6, 7, 8, 9, 10, 11$), 큰 수 6개($13, 14, 15, 16, 17, 18$)가 있는 거지요.

- 한가운데에 있는 이 숫자가 바로 가장 작은 수와 가장 큰 수 사이의 평균값이에요(12는 6과 18의 평균값이에요). 세로로 죽 적은 숫자 중 한가운데에 이 숫자가 보일 거예요. 다시 말해 굳이 가장 작은 수와 가장 큰 수를 더해서 2로 나누는 수고를 하지 않아도 되는 셈이지요.

- 한가운데에 위치하는 숫자가 있는지 없는지를 어떻게 빨리 알아챌 수 있을까요? 여러분이 마술을 보여 주는 친구의 나이가 홀수라면 굳이 종이에 숫자를 적기도 전에 이미 알 수 있겠죠. 만약 친구의 나이가 13살이라면, 여러분은 친구가 적을 13개의 숫자들 중 한가운데에 어떤 숫자가 적힐지 금세 알 수 있어요. 그 숫자에 13을 곱하면 13개 숫자들의 총합이 나오죠.

여러분도 함께 해 봐요!

52쪽 둘째 예제의 답을 구해 봐요(숫자들은 9에서 23까지고, 친구의 나이는 15살이에요).

숙녀의 나이를 묻는 건 예의가 아니지!

39

마술 3 : V자를 그리는 숫자판

방법 ···▶

- 친구에게 맘에 드는 홀수 하나를 말하라고 해요(1, 3, 5, 7, 9로 끝나는).
- 종이에 모눈을 그리고, 친구가 말한 수와 똑같은 개수의 칸으로 이루어지는 V자 모양을 만들어요. 예를 들어 친구가 말한 수가 11이라면, V자 모양의 맨 아래 칸은 여섯째 칸이 돼요(맨 아래에 위치하는 칸이 여섯째 칸이라는 것을 알아내려면 친구가 말한 수에 1을 더한 뒤 다시 2로 나누면 돼요. 11+1=12, 12÷2=6). 즉 여러분은 가로줄 6개, 세로줄 11개로 이루어지는 모눈을 그리면 되는 거예요.
- 친구에게 아무 정수나 하나 골라 여러분이 보지 못하게 V자를 이루는 칸 중 맨 왼쪽 칸부터 시작해 연속되는 숫자들을 하나씩 채워 넣으라고 해요.
- 다 채워 넣었나요?
- 이제 친구가 숫자를 채워 넣은 종이를 보고 그 숫자들의 총합을 즉시 말해요.
- 친구에게 계산기를 주고 V자를 이루는 칸 속에 적힌 숫자들을 모두 더하게 해요.
- 계산기로 구한 총합과 여러분이 아까 말한 총합이 같다는 것을 확인해 보세요.

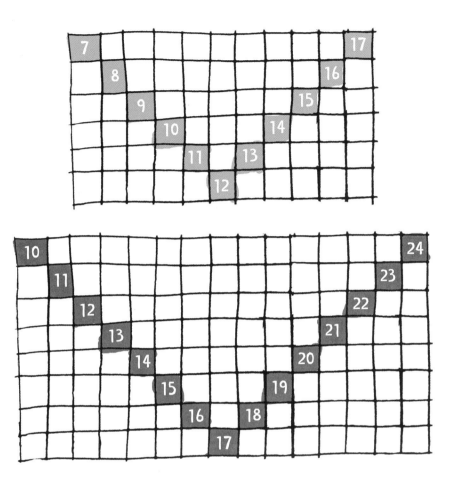

마술 2에서 숫자들의 개수가 홀수였던 경우를 그대로 적용하면 돼요. V자 모양의 칸은 거기에 적힌 숫자들의 평균값이 무엇인지 여러분이 한눈에 알아볼 수 있다는 이점이 있지요. 그 평균값에 V자를 이루는 칸들의 개수를 곱하면 숫자들의 총합이 나와요.

7에서 17까지의 숫자들이 적혀 있는 57쪽 첫째 그림에서, 한가운데에 적힌 숫자는 12예요. V자를 이루는 칸들의 개수는 11개고요. 여러분은 이렇게 계산하면 돼요. 12×11=132(12×11을 쉽게 암산하려면, 12 ×10=120에 다시 12를 더하면 되지요. 120+12=132).

여러분도 함께 해 봐요!

57쪽 둘째 그림을 보고 V자를 이루는 칸들에 적힌 숫자들의 총합을 구해 봐요.

마술 4 : 중심이 치우친 십자

방법 ⋯▸

• 친구에게 가로·세로 각각 10칸씩의 모눈이 그려진 종이를 건네주고 연속되는 숫자들을 십자 모양으로 두 번 적으라고 해요. 한 번은 세로 방향인 위에서 아래로, 또 한 번은 가로 방향인 왼쪽에서 오른쪽으로 요. 이때 세로줄과 가로줄이 교차하는 칸에는 숫자가 한 번만 들어가 겠지요. 시작하는 숫자는 여러분 모르게 친구 마음대로 고르라고 해 요. 여러분은 친구가 숫자들을 다 적은 다음에 종이를 보세요. 연속되 는 숫자들의 개수가 총 몇 개인지(여기서는 10개), 숫자들이 적힌 칸

의 개수가 몇 개인지(여기서는 19개) 친구에게 말하지 마세요. 친구가 이 마술의 요령을 알아채면 안 되니까요. 십자는 중심이 한가운데가 아니고 한쪽으로 치우쳐 있을 거예요. 모눈의 가로 칸과 세로 칸의 개수가 짝수이기 때문이지요. 이 경우 한가운데 위치하는 숫자는 없어요.

• 친구가 숫자들을 다 적으면 여러분은 그것을 보자마자 가로줄에 적힌 숫자들의 총합과 세로줄에 적힌 숫자들의 총합을 말하세요(가로줄과 세로줄이 교차하는 칸에 적힌 숫자는 두 번 더해야겠지요).

• 50쪽에 소개한 마술 1의 요령을 기억하나요? 이번에는 숫자들의 개수
가 열 개예요. 이 숫자들의 총합은 가장 작은 숫자와 가장 큰 숫자의
합에 숫자들의 개수인 10을 곱하고 그 값을 다시 2로 나누면 구할 수
있지요.

• 가로 칸에 적힌 숫자들과 세로 칸에 적힌 숫자들이 똑같고 숫자들의
총합도 똑같으므로, 십자 속에 적힌 숫자들의 총합을 구하려면 가장
작은 숫자와 가장 큰 숫자의 합에 숫자들의 개수인 10만 곱하면 돼요.

 중심이 치우친 십자의 예

가장 큰 숫자와 가장 작은 숫자의 합은 3+12=15. 따라서 20개 숫자들
의 총합은 150이에요.

마술 5 : 중심이 가운데 있는 십자

방법 ···▶

• 십자의 가로 칸과 세로 칸의 개수가 같고 홀수라는 것, 가로줄과 세로
줄이 교차하는 지점이 가로줄의 한가운데이자 세로줄의 한가운데, 즉 십

자의 한가운데라는 것만 다를 뿐 앞의 마술 4와 같아요.

• 여러분은 가로줄과 세로줄에 적힌 숫자들의 총합을 즉시 알아맞혀야
해요.

 •계제

아래에 있는 중심이 가운데 있는 십자는 가로 칸과 세로 칸이 각각 11개
씩이에요. 칸 속에 적힌 숫자들은 4에서 14까지고요.

요령 ···▸

• 52쪽 2번 마술의 끝 부분에서 연속되는 숫자들의 개수가 홀수일 때 썼
던 요령을 기억하나요?

- 중심이 가운데 있는 십자에서 연속되는 숫자 열한 개의 총합은 숫자들의 평균값에 숫자들의 개수 11을 곱한 값이에요.

  다시 말해 $9 \times 11 = 99$이지요.

- 이 십자에는 연속되는 똑같은 숫자들이 가로로 한 번 세로로 한 번, 총 두 번 적혀 있으니 이 숫자들의 총합은 $99 \times 2 = 198$이에요.

- 이 마술을 하려면 한가운데에 있는 숫자를 빨리 본 뒤 거기에 11을 곱한 다음 다시 2를 곱해 주면 되죠.

- 어떤 숫자에 암산으로 11을 곱하려면, 일단 그 숫자에 10을 곱한 뒤 그 숫자를 다시 한 번 더해 주면 돼요.

마술 6 : 연속되는 숫자를 줄 네 개에 적어 넣는 십자

방법···▶

- 친구에게 가로 칸과 세로 칸이 각각 5개씩이고 그중 17개의 칸에 색이 칠해져 있는 모눈종이 한 장을 내밀어요.

- 여러분이 보지 못하는 상태에서 색이 칠해진 칸들에 연속되는 똑같은 숫자들을 줄 네 개에, 즉 세로줄 하나, 가로줄 하나, 그리고 대각선 둘에 총 네 번 적으라고 해요(63쪽의 왼쪽 그림을 보면 연속되는 숫자들은 7에서 11까지예요).

• 친구가 다 적으면 칸들에 적힌 숫자들을 슬쩍 본 뒤 그 숫자들의 총합을 말해요(한가운데에 적힌 숫자는 네 번 더해야겠지요).

• 친구에게 계산기를 주고 연속되는 숫자들 4벌의 총합을 확인해 보게 해요.

7		7		11
	8	8	10	
7	8	9	10	11
	8	10	10	
7		11		11

23		23		27
	24	24	26	
23	24	25	26	27
	24	26	26	
23		27		27

요령 ···›

• 한가운데에 적힌 숫자는 연속되는 숫자 다섯 개의 평균값이고, 연속되는 숫자 다섯 개의 총합은 한가운데에 있는 숫자에 숫자들의 개수 5를 곱한 값이에요.

• 이 십자 속에는 연속되는 똑같은 숫자들이 네 번 적혀 있어요. 따라서 네 벌의 숫자들 총합은 한가운데에 있는 숫자에 20을 곱하면 돼요.

• 왼쪽 그림의 경우 답은 9×20=180이에요. 다시 말하면 한가운데 있는 숫자에 2만 곱한 뒤 맨 오른쪽에 0을 덧붙이면 되는 거죠.

63쪽 오른쪽 그림의 빨간 칸 **17**개 속에 적혀 있는 연속되는 숫자들 네 벌의 총합을 구해 봐요.

마술 7 : 미성년자의 십자

이번 마술은 마술 6을 조금 변형한 마술이에요. 친구가 여러분의 마술에 싫증을 내지 않는다면, 마술 6을 한 뒤 이 마술도 해 봐요. 이 마술을 할 때 여러분은 십자를 절대 보지 말아야 해요.

방법 ···▶

- 프랑스에서는 나이가 **18**세 미만인 사람들을 '미성년자'라고 불러요.
- 친구에게 미성년자의 나이에 해당하는 정수 하나를 고르라고 해요 (다시 말해 **18**보다 작은 숫자가 되겠지요. 가장 큰 경우는 **17**이에요).
- 친구에게 여러분이 마련한 모눈종이에 표시된 **17**개의 칸 속에 여러분 모르게 아까 고른 숫자로 시작하는 연속되는 숫자 다섯 개를 아까와 같은 요령으로 네 번 적으라고 해요(예를 들어 **13**을 골랐다면 **13, 14, 15, 16, 17**을 **4**개의 줄 속에 적어 넣으면 되겠지요).

- 친구에게 그 17개의 숫자들을 모두 더하라고 해요(단, 한가운데 칸에 적은 숫자는 딱 한 번만 더하라고 해요).
- 그 값이 얼마냐고 물어봐요.
- 친구가 한가운데 칸에 적은 숫자가 무엇인지 말해 줘요.

수리 수리 마수리…

요령 ┈▸

마술 6에서 우리는 칸들에 적은 숫자들의 총합이 한가운데 칸에 적힌 숫자에 20을 곱한 값이라는 것을 알았어요.

- 그런데 이번 마술에서는 한가운데에 있는 숫자를 딱 한 번만 더하기로 했으므로, 이번 마술에서 구할 값은 마술 6에서 구한 값에서 한가운데 숫자의 3배를 뺀 값이겠지요. 예를 들어 63쪽 왼쪽 그림을 이번 마술에 적용한다면, 열일곱 개 칸에 적힌 숫자들의 총합은 180이 아니라 180에서 9×3을 뺀 수, 즉 180-9×3=180-27=153이 되는 거예요.

내 친구들은 엄마에게 이런 말을 자주 듣는대요. '방 정리 좀 해라!' 하지만 나는 엄마에게 이런 말을 들은 적이 한 번도 없어요! 나는 필요한 물건들을 재빨리 찾고 싶어 방을 늘 말끔히 정리하거든요. 내가 할 행동의 순서를 정하고 체계화하는 것도 좋아하고요.

우리가 수학에서 배우는 특성들도 마찬가지예요. 문제들의 유형에 따라 머릿속으로 숫자들을 정리하고 체계화하지요. 그런 훈련이 큰 도움이 돼요.

학교에서 배우는 수학으로도 이 책에 나온 것들과 같은 수학 마술을 만들어낼 수 있으면 좋겠어요.

나는 학교 수업에 수학 시간이 많지 않고 수학을 공부할 시간도 충분하지 않다고 생각해요. 우리는 수학을 더 많이, 더 재미있게 공부할 수 있어요. 수학 문제를 푸는 데 재미를 붙이면 엄청 즐겁죠. 하지만 그런 일이 순식간에 이루어지는 건 아니에요. 그렇게 되기까지는 깊이 생각하는 시간이 필요해요. 과학자나 수학자, 엔지니어가 꿈인 학생들만이라도 수학을 더 많이 공부하게 해달라고 교육부 장관님께 부탁해야 할 것 같아요. 그렇게 하면 나라에도 큰 도움이 될 테니까요!

아악!
뒤죽박죽
돼버렸어!

5장

체계적인 계산들

10 분산해서 계산하기

⑩ 분산해서 계산하기

조그만 노력으로 똑같은 답을 얻어 낼 수 있다면 굳이 고생을 할 필요가 없겠지요? 계산도 마찬가지예요. 숫자들을 분산해서 재치 있게 계산하는 요령을 터득하면 아주 유용하답니다.

들어가기 전에 …▶

여러분은 어떤 수에 9를 쉽게 곱하는 방법을 아나요?

9=10-1이라는 것은 모두 알지요.

어떤 수에 9를 쉽게 곱하려면 그 수에 10을 곱한 값, 다시 말해 그 수의 오른쪽에 0을 덧붙여 쓴 값에서 그 수를 다시 빼면 돼요.

 예제

13에 9를 곱하려면, 13에 10을 곱한 값에서 13을 다시 빼면 돼요.
13×10=130, 130-13=117.

여러분도 함께 해 봐요!

같은 방법으로 34×9를 해 봐요.
곱셈에 뺄셈을 분산하는 개념을 적용하면 쉽게 계산할 수 있어요.

예를 들어 n이라는 수에 9를 곱한 값은 다음과 같아요.

$n \times 9 = n \times (10-1) = 10n - n$.

여러분은 어떤 수에 99를 쉽게 곱하는 방법을 아나요?

99=100-1이라는 것은 모두 알지요.

어떤 수에 99를 쉽게 곱하려면 그 수에 100을 곱한 값, 다시 말해 그 수의 오른쪽에 0을 두 개 덧붙여 쓴 값에서 그 수를 다시 빼면 돼요.

 예제

13×99는 1 300-13=1 287.

$n \times 99 = n \times (100-1) = 100 \times n - n$.

여러분도 함께 해 봐요!

같은 방법으로 34×99를 해 봐요.

여러분은 어떤 수에 999를 쉽게 곱하는 방법을 아나요?

어떤 수에 999를 쉽게 곱하려면 그 수에 1 000을 곱한 값, 다시 말해 그 수의 오른쪽에 0을 세 개 덧붙여 쓴 값에서 그 수를 다시 빼면 돼요.

예제

13×999는 $13\ 000 - 13 = 12\ 987$.

$n \times 999 = n \times (1\ 000 - 1) = 1\ 000n - n$.

여러분도 함께 해 봐요!

같은 방법으로 34×999를 해 봐요.

여러분은 어떤 수에 11을 쉽게 곱하는 방법을 아나요?

11=10+1이라는 것은 모두 알지요.
어떤 수에 11을 쉽게 곱하려면 그 수에 10을 곱한 값에 그 수를 다시 더해 주면 돼요.

 예제

13×11은 130+13=143.

여러분도 함께 해 봐요!

같은 방법으로 34×11을 해 봐요.

이제 분산의 특성과 관련된 수학 마술 몇 개를 소개할게요.

마술 1

방법 ···▸

- 친구에게 종이 한 장과 연필 한 자루를 줘요.

- 두 자릿수 하나를 적고, 그 숫자 밑에 두 자릿수 하나를 또 적으라고 해요.

- 친구에게 그 두 수를 곱하라고 한 뒤 이렇게 말해요.

  "나는 네가 적은 첫째 수에 다른 두 자릿수를 곱할게."

- 뭔가 알고 있다는 표정으로 다른 종이에 어떤 숫자를 예측해 적은 뒤, 그 종이를 접어서 "내가 숫자 하나를 알아맞혔어."라고 말하며 친구에게 줘요.

- 친구에게 두 가지 곱셈을 다 해 보라고 해요.

  (친구가 수학에 소질이 없다면 계산기로 하게 해요. 잘못 계산해서 마술을 망치면 안 되니까요!)

- 친구에게 두 곱셈의 답을 서로 더한 값을 구하라고 해요.

- 여러분이 예측한 숫자와 친구가 구한 값을 비교해 봐요. 두 값이 똑같을 거예요. 여러분이 두 곱셈의 총합을 알아맞힌 거예요!

나 꼭 족집게 같지, 응?

요령 ····▶

친구가 한 첫째 곱셈이 34×58 이라고 가정해 봐요.

- 그러면 여러분이 할 곱셈은 34×41 이에요. 친구가 고른 두 숫자 중 첫째 숫자 34는 그대로 가져왔지요. 하지만 41은 어떻게 해서 나온 숫자일까요? 친구가 고른 둘째 숫자 58과 더해서 99가 나오는 숫자예요.

- 친구가 고른 둘째 숫자가 58이므로, 58과 더해서 99가 나오는 숫자는 41이겠지요.

- 이 마술을 이해하려면, 두 곱셈의 답을 더한 값이 34×99와 같다는 것을 알아야 해요. 34의 58배 더하기 34의 41배는 곧 34의 $99(58+41)$배니까요.

- 그러므로 여러분이 숫자를 예측해 종이에 적을 때 34×99의 답을 적으면 되는 거지요. 이 장의 앞부분에서 이미 이야기한, 어떤 수에 99를 쉽게 곱하는 방법을 이용해 빠르게 계산하면 돼요.

- 여러분이 예측한 숫자는 이렇게 될 거예요.

$34 \times 99 = 3\ 400 - 34 = 3\ 366.$

$$
\begin{array}{r}
34 \\
\times\ \ 58 \\
\hline
272 \\
170. \\
\hline
=1972
\end{array}
\qquad
\begin{array}{r}
34 \\
\times\ \ 41 \\
\hline
34 \\
136. \\
\hline
=1394
\end{array}
\qquad
\begin{array}{r}
1972 \\
+\ 1394 \\
\hline
=3366
\end{array}
$$

- 친구가 고른 첫째 숫자에서 1을 뺀 숫자 $34-1=33$을 최종 답의 왼쪽 절반으로 삼고, 친구가 고른 첫째 숫자를 100에서 뺀 수 $100-34=66$을 오른쪽 절반으로 삼아도 돼요.

- 친구가 고른 둘째 숫자는 최종 답을 구할 때 필요하지 않아요.

 예제

친구가 63×48을 적었고, 여러분은 63×51을 적었어요. 그러면 여러분이 예측할 숫자는 63×99가 되겠지요.

왼쪽 절반에는 $63-1=62$를 적으면 되고, 나머지 오른쪽 절반에는 $100-63=37$을 적으면 돼요. 따라서 두 곱셈의 총합은 $6\ 237$이에요.

친구가 86×27을 했어요. 그러면 여러분은 어떤 곱셈을 하고 최종 값으로는 무슨 숫자를 예측하면 될까요?

마술 2 : 세 자릿수로 하는 경우

방법 ···▶

- 먼저 종이에 세 자릿수 두 개를 나란히 적어요.
- 친구에게 또 다른 세 자릿수 하나를 골라 여러분이 적은 첫째 숫자 밑에 한 번, 여러분이 적은 둘째 숫자 밑에 또 한 번 적으라고 해요.
- 친구에게 그 두 조합을 곱하라고 해요(행운을 빌어요!).
- 친구가 그 곱셈들을 마치기 전에 여러분이 예측한 두 곱셈의 총합을 종이에 적어요.
- 친구가 곱셈을 마치면, 그 값이 여러분이 예측한 값과 같은지 확인해 봐요.

이건 아주 새로운 마술이야!

- 여러분이 적은 숫자 두 개는 더해서 999가 되어야 해요.

- 예를 들어 482와 517이거나(482+517=999니까요) 375와 624여
  야 해요(375+624=999니까요).

- 두 곱셈의 총합은 친구가 고른 세 자릿수에 999를 곱한 값이 돼요. 여
  러분은 어떤 수에 999를 쉽게 곱하는 방법을 알고 있지요. 친구가 고
  른 수에 1 000을 곱한 뒤 그 수를 다시 빼면 돼요.

- 예를 들어 친구가 704를 골랐다면, 704 000-704=703 296이 되
  는 거지요.

- 이 값을 구하는 또 하나의 요령은 704에서 1을 뺀 값(704-1=703)
  을 왼쪽에 적은 뒤 1 000에서 704를 뺀 값(1 000-704=296)을
  오른쪽에 적는 거예요.

여러분도 함께 해 봐요!

여러분이 816과 183을 적었고, 친구가 507을 적었다면, 두 곱셈의 총
합은 무엇일까요?

마술 3

방법 ···▶

- 친구에게 종이 한 장과 연필 한 자루를 줘요.
- 숫자 두 개를 세로 방향으로 연이어 적으라고 해요(이후의 계산이 너무 어려워지면 곤란하니까 처음에 너무 큰 수를 적지 않도록 해요).
- 두 숫자를 더한 값을 두 숫자 밑에 적으라고 해요.
- 밑의 두 숫자를 더한 값을 그 숫자들 밑에 또 적어요. 똑같은 방식으로 적힌 숫자들의 개수가 모두 열 개가 될 때까지 세로 방향으로 계속 수를 적게 해요.
- 숫자들이 여러분이 말한 대로 잘 적혔는지 확인해요. 그런 다음 친구에게 이 열 개의 숫자들을 모두 더하라고 해요.
- 친구가 이 덧셈을 마치기 전에 여러분이 답을 먼저 종이에 적어요.
- 여러분이 적은 답이 맞는지 확인해요.

요령 ···▶

위와 같은 방식으로 적어 내려간 열 개 숫자들의 총합은 위에서 일곱째 숫자(밑에서 넷째 숫자)에 11을 곱한 값과 같아요.

- 왜 이렇게 되는지는 이 책 뒷부분의 '문제 풀이'에 자세히 나와 있어요. 눈치가 빨라서 알아낼 자신이 있는 사람은 혼자 원리를 알아낸 다

음, '여러분도 함께 해 봐요!'에 도전해 보세요.

• 숫자 열 개가 제대로 적혔는지 확인할 때 위에서 일곱째(밑에서 넷째) 수를 빨리 찾아내요. 그런 다음 암산으로 그 수에 11을 곱하면 돼요. 어떤 수에 11을 쉽게 곱하는 방법은 이 장 앞부분에서 이미 말했죠?

두 가지 예제

3	9
5	12
8	21
13	33
21	54
34	87
55	141
89	228
144	369
233	597
=605	= ?

오른쪽 첫째 예에서 밑에서 넷째 숫자는 55이에요.

$55 \times 11 = 550 + 55 = 605$.

여러분도 함께 해 봐요!

위의 둘째 예에서 숫자들의 총합은 어떻게 구하면 될까요?

내가 예언하는데, 너는 곧 나에게 뽀뽀하게 될 거야!

뭐라고?!

78

마술 4 : L자 모양으로 배열된 숫자 열 개

방법 ···▸

앞의 마술 3을 모눈종이를 이용해서 할 수도 있어요.

• 가로·세로가 각각 네 칸, 일곱 칸으로 이루어진 모눈종이를 준비한 뒤
  아래 그림과 같이 L자 모양이 되도록 칸에 색을 칠해요.

• 친구에게 맨 위 칸부터 3번 마술과 똑같은 방식으로 숫자들을 적어 넣
  게 해요(L자가 꺾이는 칸에 들어가는 숫자는 위에서 일곱째, 밑에서
  넷째 숫자예요).

• 이 그림을 이용하면 11과 곱해야 할 숫자를 쉽게 알아볼 수 있지요.

예제

옆의 첫 번째 L자가 꺾이는
칸에 적힌 178에 11을 곱하면
구해야 할 값은 1 958이 돼요.

10			
16			
26			
42			
68			
110			
178	288	466	754

13			
17			
30			
47			
77			
124			
201	325	526	681

여러분도 함께 해 봐요!

위의 두 번째 L자칸에 적힌 숫자들의 총합은 몇일까요?

학교에서 그레고리력(曆), 율리우스력, 마호메트력 그리고 윤년에 대해 배운 적이 있지요? 달력은 시대와 문명에 따라 달라요. 그런데, 나는 이 여러 달력들이 좀 복잡하게 느껴져요. 우리가 배우는 수학은 굉장히 간단한데 말이에요. 어떤 사람들은 달력과 관련된 복잡한 계산들, 이를테면 어느 해에 부활절이 몇 월 며칠이었는지, 무슨 요일이었는지 등을 머릿속으로 암산해요. 나는 내가 태어난 날이 화요일이라는 것을 계산하는 일이 재미있다고 생각해요(엄마는 그날이 화요일이었다는 것을 기억도 못 했어요.).

나는 아버지가 모로코에서 가져온 마호메트력을 다락방에서 찾아냈어요. 그런데 이슬람교도들의 해는 우리가 622년이라고 말하는 해부터 시작해요. 태음월에 기초를 두죠. 당연히 연도를 나타내는 숫자가 우리보다 훨씬 작아요. 우리 달력으로 2008년 5월 1일 목요일은 마호메트력으로는 1429년 랍비 알타니월 24일이에요. 하지만 언뜻 보면 1429년의 마호메트력은 우리의 2008년 달력보다 훨씬 더 오래된 것처럼 보여요.

* 그레고리력: 교황 그레고리우스 13세가 만들었으며, 오늘날 거의 모든 나라에서
　　　　　 사용하는 달력 방식.
* 율리우스력: 고대 로마 정치가 율리우스 카이사르가 만들었으며, 2월을 제외한
　　　　　 달을 모두 31일로 정하는 달력 방식.
* 마호메트력: 이슬람교를 믿는 나라에서 사용하는 달력 방식.
* 윤년: 2월이 29일로 이루어진 연도.

6장 날짜 계산하기

11 달력으로 하는 4가지 마술

내 생일에 줄을 그어 놨지요!

⑪ 달력으로 하는 4가지 마술

흔히 볼 수 있는 물건들로 수학 놀이를 하는 것은 여러분이 생각하는 것보다 쉬워요! 우선 집에서 달력을 찾아봐요.

준비물 ···▸

다음과 같은 달력이 필요해요.

2012	1월	2월	3월	4월
월요일	02 09 16 23 30	06 13 20 27	05 12 19 26	02 09 16 23 30
화요일	03 10 17 24 31	07 14 21 28	06 13 20 27	03 10 17 24
수요일	04 11 18 25	01 08 15 22 29	07 14 21 28	04 11 18 25
목요일	05 12 19 26	02 09 16 23	01 08 15 22 29	05 12 19 26
금요일	06 13 20 27	03 10 17 24	02 09 16 23 30	06 13 20 27
토요일	07 14 21 28	04 11 18 25	03 10 17 24 31	07 14 21 28
일요일	01 08 15 22 29	05 12 19 26	04 11 18 25	01 08 15 22 29

	5월	6월	7월	8월
월요일	07 14 21 28	04 11 18 25	02 09 16 23 30	06 13 20 27
화요일	01 08 15 22 29	05 12 19 26	03 10 17 24 31	07 14 21 28
수요일	02 09 16 23 30	06 13 20 27	04 11 18 25	01 08 15 22 29
목요일	03 10 17 24 31	07 14 21 28	05 12 19 26	02 09 16 23 30
금요일	04 11 18 25	01 08 15 22 29	06 13 20 27	03 10 17 24 31
토요일	05 12 19 26	02 09 16 23 30	07 14 21 28	04 11 18 25
일요일	06 13 20 27	03 10 17 24	01 08 15 22 29	05 12 19 26

	9월	10월	11월	12월
월요일	03 10 17 24	01 08 15 22 29	05 12 19 26	03 10 17 24 31
화요일	04 11 18 25	02 09 16 23 30	06 13 20 27	04 11 18 25
수요일	05 12 19 26	03 10 17 24 31	07 14 21 28	05 12 19 26
목요일	06 13 20 27	04 11 18 25	01 08 15 22 29	06 13 20 27
금요일	07 14 21 28	05 12 19 26	02 09 16 23 30	07 14 21 28
토요일	01 08 15 22 29	06 13 20 27	03 10 17 24	01 08 15 22 29
일요일	02 09 16 23 30	07 14 21 28	04 11 18 25	02 09 16 23 30

마술 1

- 친구에게 월요일에서 일요일 사이에 있는 요일 중 좋아하는 요일을 하나 고르라고 해요.
- 달력을 보고 친구가 고른 요일에 해당하는 날짜가 다섯 번 나오는 달, 즉 한 줄에 날짜가 다섯 번 나오는 달을 찾으라고 해요.
- 그 다섯 개의 날짜를 모두 더한 총합을 말하라고 해요.
- 여러분은 친구가 더한 다섯 개의 날짜를 모두 알아맞힐 수 있어요.

- 다섯 개의 날짜 중 셋째 날짜는 둘째 날짜와 넷째 날짜와 7일씩 차이가 나요(둘째 날짜보다 7일 많고 넷째 날짜보다는 7일 작아요). 다시 말해 셋째 날짜는 둘째 날짜와 넷째 날짜의 평균값이에요. 둘째 날짜와 넷째 날짜를 더한 값이 셋째 날짜의 2배가 되는 거지요.
- 셋째 날짜는 첫째 날짜와 다섯째 날짜와의 차이가 14일씩이에요(첫째 날짜보다 14일 많고 다섯째 날짜보다는 14일 작아요). 셋째 날짜는 첫째 날짜와 다섯째 날짜의 평균값이에요. 첫째 날짜와 다섯째 날짜를 더한 값이 셋째 날짜의 2배가 되지요.
- 마지막으로, 한 줄에 있는 그 다섯 날짜를 모두 더한 값은 셋째 날짜에

5를 곱한 값과 같아요.

- 그러므로 다섯 날짜를 모두 더한 값을 5로 나누면 다섯 날짜 중 한가운데에 위치한 날짜, 즉, 셋째 날짜를 구할 수 있지요. 둘째 날짜와 첫째 날짜를 알아내려면 이 셋째 날짜에서 7과 14를 각각 빼주면 되고, 넷째 날짜와 다섯째 날짜를 알아내려면 7과 14를 각각 더해 주면 돼요.

 •예제

다섯 개의 날짜를 모두 더한 값이 85라고 해요. 그렇다면 가운데(셋째) 날짜는 85÷5=17이 되겠죠. 첫째 날짜와 둘째 날짜는 3과 10이고, 넷째 날짜와 다섯째 날짜는 24와 31이에요. 즉, 친구가 더한 다섯 개의 날짜는 3, 10, 17, 24, 31이에요.

유의 사항: 한 달 중 같은 요일에 해당하는 다섯 날짜는 다음의 세 가지 조합뿐이에요.

- 모두 합해 75가 되는 1, 8, 15, 22, 29.
- 모두 합해 80이 되는 2, 9, 16, 23, 30.
- 모두 합해 85가 되는 3, 10, 17, 24, 31.

마술 2

- 친구에게 달력에서 가로세로 각각 3개의 숫자로 이루어진 9개의 숫자
  를 선택하라고 해요.
- 1월에서 골라낸 다음의 예를 들어볼게요.

- 골라낸 아홉 개의 날짜 중 한가운데에 있는 날짜를 여러분에게 말하라
  고 해요.
- "내가 그 아홉 개 날짜를 모두 더한 값을 알아맞힐게."라고 말한 뒤 그
  값을 친구에게 말해요.
- 친구에게 계산기를 주고 여러분이 말한 숫자가 아홉 개의 날짜를 모두
  더한 값이 맞는지 확인하게 해요.

- 아홉 개의 날짜 중 한가운데에 있는 날짜는 그 날짜의 왼쪽과 오른쪽에
  있는 날짜의 평균값이에요.

- 아홉 개의 날짜 중 한가운데에 있는 날짜는 그 날짜의 위와 아래에 있는 날짜의 평균값이에요.
- 마찬가지로, 한가운데에 있는 날짜는 각각 양쪽 대각선 방향에 위치한 날짜들(5와 21, 7과 19)의 평균값이에요.
- 마지막으로, 이 아홉 개의 날짜를 모두 더한 값은 한가운데에 있는 숫자에 9를 곱한 값과 같아요.
- 그러므로 아홉 개의 날짜를 모두 더한 값을 구하려면 친구가 말한 한가운데의 날짜에 9를 곱하면 되죠.
- 한가운데의 날짜에 9를 암산으로 곱하는 것이 어렵다면, 앞에서 말한 것처럼 그 수에 10을 곱한 값에서 그 수를 한 번 빼면 돼요.

 예제

친구가 다음의 아홉 날짜를 골랐다고 해요.

8	15	22
9	16	23
10	17	24

아마도 친구는 한가운데에 있는 날짜인 16을 여러분에게 말하겠지요. 그러면 여러분은 16×9=144를 암산으로 계산하면 돼요. 자세히 설명하면 16×10=160, 160-16=144이지요. 여러분은 아홉 개 날짜를

모두 더한 값이 **144**라고 친구에게 말하면 돼요.

여러분도 함께 해 봐요!

친구가 아홉 개의 날짜 중 한가운데에 있는 날짜가 **19**라고 말했다면, 그 아홉 개의 날짜를 모두 더한 값은 몇일까요?

변형 ···▶

- 친구에게 아홉 개의 날짜를 모두 더한 값을 말하라고 한 뒤 여러분이 그 아홉 개의 날짜들을 모두 알아맞히는 방식으로 변형할 수도 있어요.
- 이 변형 마술을 하기 위해서는, 일단 친구가 말한 아홉 개의 날짜의 총합을 **9**로 나눠야 해요.
- 가운데 세로줄의 날짜 세 개는 연속되는 숫자들이니 쉽게 알 수 있겠죠. 왼쪽 세로줄의 날짜 세 개를 알려면 가운데 날짜들에서 **7**씩 빼면 돼요. 오른쪽 세로줄의 날짜 세 개를 알려면 가운데 날짜들에 **7**씩 더해 주면 되고요.

여러분도 함께 해 봐요!

아홉 개 날짜를 모두 더한 값이 **162**라면 그 아홉 개의 날짜는 각각 무엇일까요?

마술 3

방법 ···▶

- 친구에게 여러분이 모르게 달력에서 가로·세로 각각 **4**줄씩으로 이루어진 **16**개의 날짜를 고르라고 해요.

- 친구가 제대로 이해했는지 확인해 보세요. 경우에 따라 1월에서 골라낸 예를 보여 줘요.

7	14	21	28
8	15	22	29
9	16	23	30
10	17	24	31

7	14	21	28
8	15	**22**	29
9	16	23	**30**
10	**17**	24	31

- 그런 다음 친구에게 그 날짜들 중 **4**개를 골라 표시하라고 해요. 이때 각각의 가로줄과 세로줄에서 날짜 하나씩만을 표시해야 해요(예를 들어 **7, 17, 22, 30**). 준비됐나요?

- 같은 세로줄이나 같은 가로줄에서 날짜 두 개가 표시되지 않도록 해요.

- 그런 다음, "나는 보지 않고도 그 네 개 날짜의 총합을 알 수 있어."라고 말해 보세요.

- 친구에게 계산기를 줘서 여러분의 답이 맞는지 확인하게 해요.

요령 ···▶

네 개 날짜의 총합은 대각선상에 있는 날짜 네 개의 총합과 항상 같아요.

• 왼쪽 위에서 오른쪽 아래로 이어지는 대각선상의 날짜 네 개는 8씩 커 져요. 대각선상의 첫째 날짜와 넷째 날짜의 합은 둘째 날짜와 셋째 날 짜의 합과 같아요(88쪽의 예를 보면 7+31=15+23).

• 대각선상의 네 개 날짜의 총합은 첫째 날짜와 넷째 날짜의 합의 두 배 예요(88쪽의 예를 보면 7+15+23+31=2×(7+31)=76).

• 그러므로 다음과 같이 하면 돼요. 친구가 가로·세로 각각 4개씩 모두 16개 날짜를 골라냈을 때, 대각선 양 끝에 있는 2개의 날짜를 잘 봐 요. 그런 다음 그 2개의 날짜를 암산으로 더해요(7+31=38). 그 값에 2를 곱해요(38×2=76). 이렇게 해서 친구가 표시한 네 개 날짜의 총 합을 구할 수 있어요.

여러분도 함께 해 봐요! (모두)

여기 친구가 고른 16개의 날짜가 있어요.

친구가 표시한 네 개 날짜의 총합은 얼마가 될까요?

4	11	18	25
5	12	19	26
6	13	20	27
7	14	21	28

여러분도 함께 해 봐요! (고학년 친구들만)

그런데 표시한 네 개 날짜의 총합은 왜 대각선상의 날짜 네 개의 총합과

같을까요?

마술 4

방법 ···▶

• 친구에게 달력을 줘요.

- 그리고 일 년 중 날짜 하나를 골라 여러분에게 말하라고 해요(예를 들면 2009년 8월 22일).
- 그 날짜가 무슨 요일인지 알아맞혀요(예를 들면 토요일).

요령 …▶

한 달 중 같은 요일에 해당하는 날짜들은 7일씩 간격을 두고 이어져요.

- 달력에서 2009년 1월을 보면 목요일은 1, 8, 15, 22, 29일이에요. 주어진 날짜에서 7을 계속 빼면 같은 요일의 날짜들을 찾아낼 수 있어요. 예를 들어 25일에서 7을 계속 빼면 18일, 11일, 4일이 돼요. 다시 말해 1월 25일은 1월 4일과 같은 요일이에요(일요일).
- 다른 달로 바뀌면 상황이 달라져요. 1월에는 날이 총 31일이 있고 31=28+3이므로, 1월과 2월의 같은 날짜들 사이에는 3일의 요일 차이가 생겨요. 예를 들면 1월 25일은 일요일이지만 2월 25일은 일요일이 아니라 수요일이랍니다.
- 2월중 어느 날짜의 요일을 알고 싶으면 1월의 똑같은 날짜에 해당하는 요일에 3일을 더해 주면 돼요.

• 다른 달들의 경우, 1월의 똑같은 날짜에 해당하는 요일에 아래의 수를 더하면 돼요.

1월	2월	3월	4월	5월	6월
0	3	3	6	1	4

7월	8월	9월	10월	11월	12월
6	2	5	0	3	5

2009년 1월의 첫 **7**일에 해당하는 요일은 다음과 같아요.

1일	2일	3일	4일
목요일	금요일	토요일	일요일

5일	6일	7일
월요일	화요일	수요일

주어진 날짜가 무슨 요일인지 알아내려면 다음과 같은 방법을 쓰면 돼요.

 예제

2009년 **7**월 **18**일이 무슨 요일인지 알아내려면, 우선 1월 18일에 해당하는 요일을 알아내요(**18=14+4**, 1월 4일은 일요일). 그리고 위의 표에 나와 있듯이 **7**월은 1월의 똑같은 날짜의 요일에 **6**일을 더한 요일과 같으므로 토요일이 돼요.

2009년 5월 1일은 무슨 요일일까요?

2009년 이후의 연도들은 어떻게 계산하면 될까요?

• 2010년의 경우는 어떻게 계산하면 될까요? 위에 나온 2009년 1월의 첫 7일에 해당하는 요일에서 하루씩 더해 주면 돼요. 예를 들어 2010년 1월 1일은 금요일, 1월 2일은 토요일이에요. 2009년과 하루씩 차이가 나지요.

• 2011년은 어떻게 계산할까요? 2009년에 이틀을 더해 주면 돼요. 즉 2011년 1월 1일은 토요일, 1월 2일은 일요일이에요. 2009년과 이틀씩 차이가 나요.

• 2012년의 경우는 조금 달라요. 2월이 29일까지 있는 윤년이기 때문이지요. 미래나 과거의 어떤 연도이건 그 날짜가 무슨 요일인지 알아낼 수 있답니다.

2011년 8월 18일은 무슨 요일일까요?

숫자를 좋아하는 사람은 나 혼자만이 아니에요. 하지만 나는 숫자를 다루는 사람들 중에 수점(數占) 치는 사람들은 좋아하지 않아요. 그 사람들은 돈을 벌기 위해 점을 쳐요. 여러분이 태어난 날과 시간, 여러분의 성(姓)과 이름의 글자 수, 알파벳에서 차지하는 위치 등을 기초로 해서 점을 치지요. 그것을 통해 여러분의 미래, 여러분이 살게 될 인생, 여러분이 갖게 될 만남들을 알아내려 한답니다.

그 사람들은 자릿수 근도 이용해요. 다음 장에서 자릿수 근에 대해 설명하고, 그 개념을 이용한 마술도 알려줄게요. 이것을 잘 활용하면 '계산의 천재'로 불릴 수도 있어요. 여러분이 태어난 날짜나 이름 같은, 운명과 아무런 상관도 없는 것들에는 신경 쓰지 마세요.

여러분의 마술이 친구들의 비판정신을 자극하는지, 아니면 친구들의 순진함을 이용하는지 한 번쯤 생각해봐요. 여러분의 마술이 친구들을 당황하게 하는지, 아니면 재미있게 하는지도 생각해 보고요. 친구들에게 해를 끼치면 안 되니까요. 친구들과 놀면서 재미있는 시간을 보내고 계산하는 능력을 자랑하면 여러분의 사기가 한층 오를 거예요. 내가 큰 노력 없이도 계산의 천재로 불리는 법을 여러분에게 가르쳐 준다면, 나는 여러분의 가치를 더욱 높여 줄테고요.

수학 마술에 대해 깊이 생각해 보고 공들여 준비하다 보면 생각이 깊어지고, 삶의 질이 높아지고, 즐거움도 커질 거예요.

7장

자릿수 근에 대하여

자릿수 근

다음과 같은 간단한 계산을 통해 아주 큰 정수를 포함한 모든 정수에 1에서 9까지의 숫자를 하나씩 대응시킬 수 있어요. 우리는 이것을 자릿수 근이라고 불러요.

들어가기 전에 ⋯▸

자릿수 근이란, 어떤 수 중 각각의 자릿수에 위치하는 숫자들을 모두 더한 후 각각의 자릿수를 다시 더했을 때 맨 마지막에 나오는 1에서 9 사이의 수를 뜻해요.

 예제

세 자릿수인 538을 예로 들어 설명하면, 5+3+8=16, 두 자릿수가 되었지요. 다시 1+6=7, 한 자릿수가 되었어요. 그러면 다 끝난 거예요. 이때 7이 바로 538의 '자릿수 근'이에요.

여러분도 함께 해 봐요!

2 008과 1 789의 자릿수 근은 무엇일까요?

우리는 10, 100, 1 000, 10 000 등의 수들의 자릿수 근이 모두 1이라는 것을 쉽게 확인할 수 있어요(이 수들을 10의 거듭제곱 수라고 불러요).

- 10의 거듭제곱 수를 9로 나누면 나눠 떨어지지 않아요. 몫은 오로지 숫자 1들로만 이루어지고, 나머지는 항상 1이에요.

  이를테면, $10=9\times1+1$, $100=9\times11+1$, $1\ 000=9\times111+1$, $10\ 000=9\times1\ 111+1$.

- 40, 300, 8 000 같은 수들은 자릿수 근이 4, 3, 8이고 9로 나누었을 때의 나머지도 자릿수 근과 같아요.

  40을 9로 나누었을 때의 나머지:

  $4[40=10\times4=(9+1)\times4=(9\times4)+4]$이므로

  300을 9로 나누었을 때의 나머지: $3[300=3\times(99+1)=3\times99+3=(3\times9\times11)+3=(9\times33)+3]$이므로

8000을 9로 나누었을 때의 나머지: 8[8 000=8×(999+1)=8× 999+8=8×111×9+8=(9×888)+8]이므로

- 이제 우리는 어떤 수의 자릿수 근은 그 수를 9로 나눈 나머지와 같지 않은가 하고 의심해 볼 수 있어요.

- 3 486의 예를 들어볼게요.

  3 486=3 000+400+80+6이므로 3486을 9로 나눈 나머지는 3 000, 400, 80, 6을 각각 9로 나눈 나머지 3, 4, 8, 6에서 구할 수 있어요.

  3+4+8+6=21, 21=2×9+3, 따라서 3486을 9로 나눈 나머지는 3 3 486의 자릿수 근도 3이에요.

여러분도 함께 해 봐요!

어떤 수의 자릿수 근과 그 수를 9로 나누었을 때의 나머지는 항상 같을까요?

어떤 수를 9로 나누었을 때의 나머지를 찾아내는 것은 9보다 작은 수가 남을 때까지 할 수 있는 만큼 여러 번 그 수에서 계속 9를 빼는 것과 같아요.

아빠, 지폐 한 장만 주실래요?

- 어떤 수의 자릿수 근을 실제로 계산하는 데는 여러 가지 요령들이 있어요. 이 요령들을 이용하면 그 수를 이루는 각각의 자리의 숫자들을 모두 더할 필요가 없고 시간도 절약돼요.

- 우선 소개할 요령은 적힌 숫자들 중 합해서 9가 되는 숫자들을 없애는 거예요(예를 들어 4+5, 3+6, 2+7, 1+8).

 •예제

27 536의 자릿수 근을 구할 때, 2+7=9라는 사실에 주목하여 이 두 숫자를 없애고, 마찬가지로 3+6=9이므로 3과 6도 없애요. 그러면 5만 남죠. 5가 바로 27 536의 자릿수 근이에요.

- 아, 0과 9가 나오는 경우를 빠뜨렸네요. 0과 9도 지워야 해요.

 •예제

200 109의 자릿수 근은 2+1, 즉 3이에요.

너 그걸 사라지게 하는 마술은 하려는 건 아니지?

• 0과 9는 더했을 때 9가 되고, 이 숫자들도 줄을 그어 지워야 해요. 그러고 나면 자릿수 근을 얻기 위해 더해야 할 숫자가 몇 개만 남게 되지요.

 •제제

48 602 193의 자릿수 근 구하기.

0과 9를 지우면 486 213이 돼요. 더해서 9가 되는 8과 1을 지우면 4 623이 돼요. 더해서 역시 9가 되는 6과 3을 지우면 42가 돼요. 자릿수 근은 4+2=6.

• 자릿수 근을 계산하는 연습을 조금만 하면 빨리 계산할 수 있게 돼요.

여러분도 함께 해 봐요!

328 614 907의 자릿수 근은 얼마일까요?

자릿수 근 개념과 관련된 요령들은 나를 친구들 사이에서 돋보이게 해주었어요. 그것들을 여러분에게 소개하기 전에 중요한 지적을 하나 할게요.

여러분이 어떤 수의 자릿수 근을 안다고 가정해 봐요. 그 수의 각각의 자리들 중 0이 아닌 것 하나를 감춰도 그 수를 알아맞힐 수 있어요!

예제

만약 어떤 수의 자릿수 근이 8이고 맨 오른쪽에 있는 마지막 숫자가 감춰졌다면, 그래서 여러분의 눈에 보이는 것이 46 328 019라면, 여러분은 다음과 같이 추론할 수 있어요.

- 0과 9, 6+3, 8+1을 지우면 42만 남아요. 4+2=6.
- 그런데 이 수의 자릿수 근은 6이 아니라 8이에요. 8−6=2이므로 2가 모자라지요. 따라서 마지막의 감춰진 숫자는 2예요.

왜 '0이 아닌' 숫자 하나를 가렸을까요?

자릿수 근의 계산에서는 0과 9 사이의 차이를 알 수 없기 때문이에요.

가능한 해법이 두 가지 있긴 해요. 좀 골치 아픈 해법이지요.

76730946I320······

자릿수 근을
구하라고?
그거야
식은 죽 먹기지!

⑬ 마술을 보여주기 전에 자릿수 근을 어떻게 알아낼까?

우리 할아버지 할머니 시대와 옛날에는 선생님들이 9를 이용해 곱셈의 결과를 검산하는 법을 가르쳤대요. 이 검산은 실수를 했을 때에만 쓸모가 있었어요. 하지만 이것을 기초로 해서 숫자를 알아맞히는 다양한 마술을 만들어 낼 수 있어요.

응용 마술

방법 ⋯▶

• 친구에게 종이를 주고 여러분 앞에서 세 자릿수 두 개를 적으라고 해요(예를 들면 635와 817).

• 첫째 수의 자릿수 근은 5이고 둘째 수의 자릿수 근은 7이라는 것을 빨리 계산해요.

• 친구에게 계산기를 주고 여러분이 보지 못하게 그 두 수를 곱하라고 해요.

• 곱해서 나온 값이 몇인지 0을 제외한 숫자 하나만 빼고 말하라고 해요. 숫자의 순서를 바꾸어 말해도 돼요. 이를테면 십의 자릿수와 백의

102

자릿수 사이에 일의 자릿수를 끼워 넣어서 말하는 거죠. 그렇게 해도 여러분이 답을 알아맞히는 데 방해가 되지 않을 거예요!(굉장하죠?)

- 친구가 감춘 숫자가 무엇인지 말해요!

$$
\begin{array}{r}
635 \\
\times \quad 817 \\
\hline
4445 \\
635. \\
5080.. \\
\hline
= 518795
\end{array}
$$

요령 ⋯▸

곱할 두 수 각각의 자릿수 근을 서로 곱하면 두 수를 곱한 값의 자릿수 근을 얻을 수 있어요.

- 예를 들어 앞의 두 수 635와 817의 자릿수 근은 각각 5와 7이에요. 이 둘을 서로 곱하면 5×7=35이니, 자릿수 근은 8, 635와 817을 곱한 값의 자릿수 근도 8이지요. 친구가 계산기를 두드리는 동안 이것을 쉽게 계산할 수 있어요.

- 이제 친구가 말하는 수를 듣고 그 수의 자릿수 근을 구해요.
  예를 들어 친구가 1, 8, 5, 9, 5라고 말했다면(7은 감추고 말하지 않은 거지요),

103

- 먼저 1+8을 지워요.

- 5, 9, 5가 남지요.

- 다시 9를 지우면 5와 5가 남아요.

- 5와 5를 더하면 10, 다시 1과 0을 더하면 1, 자릿수 근은 1이 돼요.

- 자릿수 근이 8이 되려면 여기에 몇을 더해야 하는지 알겠죠? 7이에요.
  친구에게 말해요. "네가 감춘 수는 7이야!"

너는 나에게 아무것도 감출 수 없다고!

심리를 이용한 응용 마술

방법 ⋯▶

시작은 앞의 마술과 같아요. 하지만 뒷부분은 달라요. 일단, 친구에게 이렇게 말해요.

• 친구, 두 수를 곱해서 계산기에 나타난 답을 종이에 적어 봐. 나는 멀찍이 떨어져서 보지 않을게.

• 이제 그 수를 이루는 숫자들 중 네가 원하는 숫자 두 개에 표시해. 0에는 표시하면 안 돼. 그러면 너무 쉬워지거든.

• 이제 표시하지 않은 숫자들을 어떤 순서로든 좋으니 나에게 말해 줘.

• 나는 너를 워낙 잘 알기 때문에, 네 심리도 잘 알고 평소에 네가 어떤 생각을 하는지도 잘 알아. 아까 네가 표시한 숫자 두 개 중 하나를 나에게 알려 주면, 표시한 나머지 숫자가 무엇인지 알아맞힐게!
여러분은 친구가 표시한 숫자 하나를 말하자마자 나머지 숫자를 알아맞히는 거예요!

요령 ⋯▶

• 여러분은 두 수를 곱한 값의 자릿수 근을 알지요. 친구가 여러분에게 알려 준, 표시하지 않은 숫자들의 자릿수 근을 구해요. 이제는 친구가 표시한 숫자 두 개만 남아요. 친구가 여러분에게 그 중 한 숫자를 말해

주면, 뺄셈을 통해 표시한 나머지 숫자를 알아맞혀요.

- 만약 친구가 1과 9에 표시했고 표시하지 않은 숫자들이 5, 5, 8, 7이라고 말했다면, 여러분은 속으로 이렇게 생각하면 돼요.

- 나는 두 수를 곱한 값의 자릿수 근이 8이라는 것을 알아.

- 그런데 5+5+8+7=25, 2+5=7.

- 친구가 표시하지 않은 숫자의 자릿수 근은 7이야.

- 처음의 두 수를 곱한 값의 자릿수 근이 8이었으니까, 표시하지 않은 숫자들에서 구한 자릿수 근과 비교하면 1이 많아.

- 만약 친구가 말해 준 표시한 숫자 하나가 9라면(이때 9는 0과 마찬가지), 여러분은 나머지 숫자가 1이라는 것을 알 수 있어요.

- 만약 친구가 말해 준 표시한 숫자 하나가 1이라면, 처음 7을 더했을 때 두 수를 곱한 값의 자릿수 근 8과 일치하므로, 여러분이 짐작하는 바와 같이 표시한 나머지 숫자는 9예요(0에는 표시하지 않기로 했으니까요).

자릿수 근이 언제나 9인 특별한 마술

9의 배수들의 자릿수 근은 모두 9예요. 어떤 수가 3의 배수라면 그 수의 제곱은 9의 배수예요.

우리는 3의 배수들을 쉽게 만들 수 있어요.

- 이를테면 연속되는 숫자 세 개(16, 17, 18처럼)를 더해요. 이 값은 한가운데에 있는 숫자에 3을 곱한 값과 같아요(이 예에서는 17× 3=51). 그러므로 이 수는 3의 배수예요.
- 전화기의 숫자판을 이용할 수도 있어요. 전화기 숫자판의 가로줄이나 세로줄 또는 대각선에 위치한 세 숫자를 더하면 항상 3의 배수가 돼요 (6, 12, 15, 18, 24).

전화기 숫자판의 배열은 대개 다음과 같아요.

어떤 배열이든 숫자는 모두 9야!

숫자판 마술

방법 …▶

친구에게 이렇게 말해요.

- 계산기에 네 자릿수 하나를 찍어 봐.
- 네 휴대 전화 숫자판의 가로줄이나 세로줄, 대각선 중 하나를 선택해. 그러면 세 자리 수 하나가 되지. 그 수를 아까 계산기에 찍은 네 자릿수에 곱해.
- 아까와 같은 방법으로 세 자릿수를 또 하나 만들어. 그 수를 아까 계산한 값에 다시 곱해.
- 그렇게 해서 계산기 액정에 나온 숫자들을 하나만 빼고(0은 안 돼. 그러면 계산하기 너무 쉬워지니까!) 나에게 말해 봐. 순서는 어떻든 상관없어.
- 네가 빼고 말하지 않은 숫자가 뭔지 알아맞혀 볼게.

요령 …▶

세 개의 수를 곱한 값은 9의 배수예요. 휴대 전화 숫자판에서 따온 두 개의 수가 각각 3의 배수이기 때문이지요. 그러므로 곱해서 나온 값의 자릿수 근은 9예요.

- 친구가 말한 숫자들을 종이에 적어요. 그 숫자 중 9와 0, 합해서 9가

되는 숫자들을 지워요. 자릿수 근을 구하는 방식으로 남은 숫자들을 계속 더하면 1에서 9 사이의 숫자 하나가 나올 거예요. 이 숫자에 친구가 빼놓고 말하지 않은 숫자를 더하면 9가 되겠지요.

• 만약 나온 숫자가 이미 9라면, 친구가 빼놓고 말하지 않은 숫자는 9예요(0은 안 된다고 이미 말했으니까요).

 •**11제**

친구가 고른 세 개의 숫자의 곱이 다음과 같다고 해요.

2 358×123×789=228 836 826.

친구가 말해준 수가 22 883 826이라고 해요. 여기서 더해서 9가 되는 3과 6을 지워요. 그러면 8 세 개와 2 세 개가 남지요. 8 세 개를 더하면 24, 2와 4를 더하면 6, 2 세 개를 더하면 6이에요.

6+6=12, 1+2=3.

세 개 숫자를 곱한 값의 자릿수 근이 9라는 것을 알고 있으므로,

9-3=6.

친구가 말하지 않는 숫자는 6이에요.

문제 풀이

1장

1. 종이 3장으로 숫자 알아맞히기

'있어, 없어, 있어'는 1+0+4=5.

종이 4장을 가지고 하는 방법

종이 1 (있어=1)				종이 2 (있어=2)				종이 3 (있어=4)				종이 4 (있어=8)			
1	3	5	7	2	3	6	7	4	5	6	7	8	9	10	11
9	11	13	15	10	11	14	15	12	13	14	15	12	13	14	15

2. 주사위 4개를 던졌을 때 나오는 숫자들의 총합

38, 47, 62, 76의 일의 자릿수를 모두 더하면 8+7+2+6=23, 이 수의 왼쪽에 2를 써주면 223, 총합은 223.

3. 가로·세로가 10칸씩인 숫자판

말들을 규칙대로 숫자판의 어느 자리에 놓았든, 말들이 놓인 자리에 적힌 숫자들의 총합은 늘 2 006이에요.

가로·세로가 각각 10칸씩이고 말 10개가 놓인 자리의 숫자들의 총합이 2 006인 숫자판을 만들려면, 우선 총합이 2 006이 되는 숫자 20개를 골라야 해요. 그런 다음 115쪽 숫자판의 **빨간** 줄을 따라 그 숫자들을 배치해야 해요. 숫자 10개는 가로로, 다른 10개는 세로로 배치해요. 그런 다음에는 **빨간** 가로줄에 적힌 숫자들과 **빨간** 세로줄에 적힌 숫자들을 각각 더한 숫자들을 대응하는 흰 칸에 하나씩 적어 넣으면 돼요.

총합이 2006이 나오는 숫자 20개는 다음과 같아요.

빨간 가로줄에 적어 넣을 숫자: 91, 94, 96, 98, 100, 102, 104, 106, 108, 110.

빨간 세로줄에 적어 넣을 숫자: 89, 92, 95, 97, 99, 101, 103, 105, 107, 109.

예를 들어 빨간 세로줄의 89와 빨간 가로줄의 98이 대응하는 칸에는 187을 적어 넣어야 해요. 89+98=187. 흰 칸들에 적힌 100개의 숫자들은 모두 빨간 세로줄과 빨간 가로줄의 숫자들을 더해서 나온 숫자들이에요. 100개의 숫자를 다 적으면 빨간 가로줄과 빨간 세로줄은 잘라내어 버려요.

각각의 가로줄과 세로줄, 대각선에는 놓인 말이 하나씩이에요. 또한 말이 놓인 칸의 숫자들은 모두 빨간 가로줄과 빨간 세로줄에 적힌 숫자들을 각각 대응시켜 더했을 때 나오는 값들이지요.

다시 말해 말들이 놓인 칸에 적힌 숫자 10개의 총합은 빨간 가로줄에 적힌 숫자 10개와 빨간 세로줄에 적힌 숫자 10개를 모두 더한 값과 같아요. 말 10개를 규칙대로 어떤 위치에 놓았든 마찬가지예요. 말 10개를 어떤 칸에 놓든 그 칸에 적힌 숫자들의 총합은 항상 똑같아요. 빨간 가로줄과 빨간 세로줄에 적힌 숫자 20개를 모두 더한 값 2 006이지요.

10개의 말이 놓인 칸에 적힌 숫자들의 총합이 여러분이 좋아하는 숫자가 되도록 숫자판을 새로 만들 수도 있어요. 모두 더했을 때 여러분이 좋아하는 숫자가 되는 숫자 20개를 찾아내 빨간 가로줄과 빨간 세로줄에 적어 넣기만 하면 되지요.

+	91	94	96	98	100	102	104	106	108	110
89	180	183	185	187	189	191	193	195	197	199
92	183	186	188	190	192	194	196	198	200	202
95	186	198	191	193	195	197	199	201	203	205
97	188	191	193	195	197	199	201	203	205	207
99	190	193	195	197	199	201	203	205	207	209
101	182	195	197	199	201	203	205	207	209	211
103	184	197	199	201	203	205	207	209	211	213
105	186	199	201	203	205	207	209	211	213	215
107	198	201	203	205	207	209	211	213	215	217
109	200	203	205	207	209	211	213	215	217	219

2장

5. 신기한 계산기

좋아하는 숫자가 8이고 3에서 22 사이의 숫자 중 15를 골랐다면 8이 열다섯 번 이어지는 숫자가 나와야 해요. 그렇다면 8에 3×31×37×41×271×2 906 161을 곱하면 되지요.

- 이 마술에는 계산기가 꼭 필요해요. 그리고 마술을 하는 사람은 그 계산기가 얼마나 큰 숫자까지 나타낼 수 있는지 알아야 해요. 학생들이 보통 사용하는 계산기로는 열두 자릿수까지 나타낼 수 있어요. 그러니 이때 마술을 하는 사람은 친구에게 3에서 12 사이의 숫자를 고르라고 말해야 해요. 12 이상의 숫자도 고르게 하고 싶으면 열두 자리 이상의 수들도 나타내 주는 성능이 더 좋은 계산기를 갖춰야 해요.

- 마술을 하는 사람은 되풀이 수가 나오는 기본 곱셈표를 갖고 있어야 해요. 모든 조합을 외우기는 어려우니까요. 단, 그 종이는 여러분만 볼 수 있는 곳에 두고 아주 멋들어진 몸짓으로 친구에게 계산기를 건네줘야 해요. 친구가 그 종이보다는 여러분이 건네 주는 계산기에 더 주의를 기울여야 하니까요.

- 마술을 하는 사람은 3에서 22 사이의 숫자를 하나 고르라고 말해야 해요. 기본 곱셈표에 나와 있듯이 2되풀이수와 23되풀이수를 만들어 내는 조합은 처음부터 끝까지 1만 나오기 때문에 1만 줄줄이 불러줘야 하고, 그러면 친구가 눈치를 챌지도 모르니까요.

- 19를 고른 경우에도 같은 이유로 골치가 아프겠지요. 그러나 3에서 22 사이에 엄연히 존재하는 이 숫자를 굳이 못쓰게 하느라 마술을 복잡하게 만들 수도 없는 노릇이에요.

• 그래도 너무 걱정하지 마세요. 계산기가 나타낼 수 있는 자릿수의 제한이 있으니 실제로 이 마술을 할 때는 3에서 18 사이의 숫자를 고르게 하면 돼요. 그러니 별문제 없을 거예요.

3장

6. 상점에서 파는 주사위

만약 쌓아 놓은 주사위 맨 위에 보이는 숫자가 6이라면, 주사위 3개의 앞뒷면에 적힌 숫자들의 총합은 21-6=15랍니다.

주사위 4개로 똑같은 마술을 할 경우 8개 면에 적힌 숫자들의 총합은 4×7=28이에요. 그러므로 28에서 주사위 맨 위에 보이는 숫자를 빼면 되겠지요.

7. 이상한 정육면체

13은 13에서 15 사이에 해당하므로, 파란 정육면체의 숫자 2개를 더한 값은 7이에요. 다시 말해 파란 정육면체의 윗면과 아랫면에 적힌 숫자가

115

5와 2라는 뜻이에요(파란 정육면체의 마주 보는 면들에 적힌 숫자들의 조합을 잘 떠올려야 해요). 그렇다면 노란 정육면체의 숫자 2개를 더한 값은 13-7=6이 되지요. 6은 5+1로 만들어져요(노란 정육면체의 마주 보는 면들에 적힌 숫자들의 조합을 잘 떠올려야 해요). 답은 파란 정육면체의 5와 2, 노란 정육면체의 5와 1이에요.

4장

8. 보기보다 훨씬 쉬운 덧셈들

여섯 자릿수가 372 862라면, 맨 왼쪽의 3을 지워버린 72 862에 3을 더한 72 865가 여러분이 종이에 적어야 할 첫째 다섯 자릿수예요.

9. 연속되는 숫자를 더하기

마술 1

셋째 예제: 23+42=65.

답은 650.

마술 2

넷째 예제: 14에서 25까지의 연속된 숫자는 모두 12개예요. 가장 작은 수와 가장 큰 수를 더한 값 14+25=39, 12÷2=6, 따라서 정답은 39×6=234(39×6을 암산으로 계산하려면 40에 6을 곱해서 나온 240에서 6을 한 번 빼준다고 생각하면 쉬워요. 40×6=240, 240-6=234).

9에서 23까지의 수들의 총합: 전체 숫자들의 평균값은 16이고, 숫자들의 개수는 15개니까 정답은 16×15=240.

마술 3

빨간 V자의 칸들에 적힌 숫자 중 한가운데 숫자는 17이에요.

칸들의 개수는 15개고요. 17에 15를 곱하면 숫자들의 총합이 나오지요.

17×15=255

마술 6

한가운데 칸에 적힌 숫자 25에 20을 곱한 값, 즉 25×20=500.

5장

10. 분산해서 계산하기

$34 \times 9 = 340 - 34 = 306$.

$34 \times 99 = 3\ 400 - 34 = 3\ 366$.

$34 \times 999 = 34\ 000 - 34 = 33\ 966$.

$34 \times 11 = 340 + 34 = 374$.

마술 1

친구가 86×27을 했다면 여러분은 86×72를 하면 되고, 최종 값으로는 $86 \times 99 = 8\ 514$를 예측하면 돼요.

마술 2

친구가 고른 수가 507이므로, $507 \times 999 = 506\ 493$.

마술 3

$141 \times 11 = 1\ 551$.

숫자 열 개의 총합은 다음과 같은 원리에 의해 위에서 일곱째 숫자에

11을 곱한 값이 되는 거예요.

맨 처음에 적은 두 개의 숫자가 a와 b라면,

세 번째 적을 숫자는 $a+b$

네 번째 적을 숫자는 $b+(a+b)=a+2b$

다섯 번째 적을 숫자는 $(a+b)+(a+2b)=2a+3b$

여섯 번째 적을 숫자는 $3a+5b$

일곱 번째 적을 숫자는 $5a+8b$

여덟 번째 적을 숫자는 $8a+13b$

아홉 번째 적을 숫자는 $13a+21b$

열 번째 적을 숫자는 $21a+34b$

숫자 열 개의 총합은 $55a+88b$

$55a+88b$을 일곱 번째 수로 나타내면 $(5a+8b)\times11$

따라서 일곱 번째 수 곱하기 11이 되는 거지요.

6장

11. 달력으로 하는 4가지 마술

마술 2

친구가 아홉 개의 날짜 중 한가운데에 있는 날짜가 19라고 말했다면, 아홉 개의 날짜를 모두 더한 값은 19×9=171.

변형:

아홉 개 날짜를 모두 더한 값이 162라면 한가운데의 날짜는

162÷9=18.

가운데 세로줄의 날짜들은 위로부터 17, 18, 19일이 되겠지요.

왼쪽 세로줄은 위로부터 10, 11, 12일이고요.

오른쪽 세로줄은 24, 25, 26일이에요.

따라서 아홉 개의 날짜는 10, 11, 12, 17, 18, 19, 24, 25, 26일이랍니다.

표시된 네 개의 날짜들이 무엇이든, 날짜들의 총합은,

$2 \times (4+28) = 2 \times 32 = 64$.

달력으로 하는 마술 3에 대한 설명

표시한 네 개 날짜의 총합은 왜 대각선상의 날짜 네 개의 총합과 같을까요?

- 표시된 4개의 날짜 중 하나는 가장 왼쪽 세로줄 위에 있어요.

- 표시된 4개의 날짜 중 또 하나는 왼쪽에서 둘째 세로줄 위에 있고, 같은 가로줄 위의 맨 왼쪽에 있는 수보다 7만큼 커요.

- 표시된 4개의 날짜 중 다른 하나는 왼쪽에서 셋째 세로줄 위에 있고, 같은 가로줄 위의 맨 왼쪽에 있는 수보다 14만큼 커요.

- 표시된 4개의 날짜 중 마지막 하나는 왼쪽에서 넷째 세로줄 위에 있으며, 같은 가로줄 위의 맨 왼쪽에 있는 수보다 21만큼 커요.

  그러므로 친구가 표시한 네 개 날짜의 총합은 항상 맨 왼쪽 세로줄에 있는 4개 날짜의 총합에 $7+14+21=42$를 더한 값과 같아요.

- 대각선상에 있는 날짜 네 개의 총합도 같은 원리에 의해 맨 왼쪽 세로줄에 있는 4개 날짜의 총합에 42를 더한 값과 같아요.

  그러므로 표시한 날짜들의 총합들은 항상 같고, 대각선상 날짜들의 총합(그리고 맨 왼쪽 세로줄에 있는 4개 날짜의 총합에 42를 더한 값) 과 일치해요.

마술 4

2009년 1월 1일은 목요일이고, 5월은 1월의 똑같은 날짜의 요일에 1일을 더한 요일과 같으므로 금요일이에요.

2009년 8월 18일이 무슨 요일인지 알아낸 뒤 여기에 이틀을 더하면 돼요.

18=14+4, 2009년 1월 4일은 일요일, 8월은 1월에 2를 더해 줘야 하 므로 2009년 8월 18일은 화요일. 그런데 2011년은 2009년에 이틀을 더해 줘야 하므로 목요일, 2011년 8월 18일은 목요일이에요.

7장

12. 자릿수 근

2+0+0+8=10, 1+0=1, 2008의 자릿수 근은 1.

1+7+8+9=25, 2+5=7, 1789의 자릿수 근은 7.

어떤 수의 자릿수 근과 그 수를 9로 나누었을 때의 나머지는 항상 같을까요?

어떤 수의 각각의 자리에 위치한 숫자들을 모두 더한 값이 9로 나눠떨어지면 그 수도 9로 나눠떨어진다는 것을 우리는 이제 알고 있어요. 그 수가 0이 아니라면 각각의 자리에 위치한 숫자들의 총합도 0이 될 수 없어요. 18, 27, 36, 45, 63, 72, 81, 90, 99, 108, 117 등등 9의 배수들(0을 제외하고)의 자릿수 근은 모두 9예요.

그런데 자릿수 근이라는 개념과 9로 나눈 나머지라는 개념 사이에는 작은 차이점이 하나 있어요.

• 어떤 수가 9로 나눠떨어질 때 9로 나눈 나머지는 0이에요. 그런데 이

때 자릿수 근은 0이 아니라 9예요.

- 하지만 어떤 수가 9로 나눠떨어지지 않을 경우, 그 수의 자릿수 근은 그 수를 9로 나눈 나머지와 같아요.

결론: 어떤 수의 자릿수 근과 그 수를 9로 나누었을 때의 나머지가 항상 같지는 않아요.

328 614 907의 자릿수 근은 얼마일까요? 합해서 9가 되는 0, 9, 2, 7, 3, 6, 8, 1을 지우면 4가 남아요. 자릿수 근은 4예요.